VAN LOO

时代少儿人文丛书·房龙的世界
VAN LOON'S WORLD

发明的故事

FAMING DE GUSHI

[美]亨德里克·威廉·房龙／著　　郭晓娜／编译

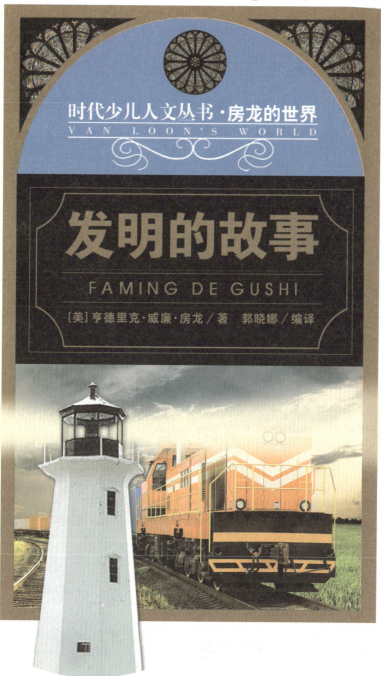

ARTTIME
时代出版
时代出版传媒股份有限公司
安徽少年儿童出版社

图书在版编目（CIP）数据

发明的故事 /（美）亨德里克·威廉·房龙著；郭晓娜编译 .—合肥：安徽少年儿童出版社，2016.3（2022.1 重印）
（时代少儿人文丛书·房龙的世界）
ISBN 978-7-5397-8029-0

Ⅰ . ①发… Ⅱ . ①房… ②郭… Ⅲ . ①创造发明 – 少儿读物 Ⅳ . ① N19-49

中国版本图书馆 CIP 数据核字（2015）第 313896 号

SHIDAI SHAO' ER RENWEN CONGSHU FANGLONG DE SHIJIE FAMING DE GUSHI

[美]亨德里克·威廉·房龙 / 著
郭晓娜 / 编译

时代少儿人文丛书·房龙的世界·发明的故事

出版人：张 堃	特约策划：墨 禅	装帧设计：墨 禅
责任编辑：黄 馨	责任校对：江 伟	责任印制：郭 玲

出版发行：时代出版传媒股份有限公司　http://www.press-mart.com
安徽少年儿童出版社　E-mail：ahse1984@163.com
新浪官方微博：http://weibo.com/ahsecbs
（安徽省合肥市翡翠路 1118 号出版传媒广场　邮政编码：230071）
出版部电话：（0551）63533536（办公室）　63533533（传真）
（如发现印装质量问题，影响阅读，请与本社市场营销部联系调换）

印　　制：阳谷毕升印务有限公司
开　　本：787mm×1092mm　1/16　印张：9　字数：121千字
版　　次：2016年3月第1版　2022年1月第3次印刷

ISBN 978-7-5397-8029-0　　　　　　　　　定价：33.00元

编者的话
BianZhe De Hua

　　房龙全名为亨德里克·威廉·房龙，于 1882 年 1 月 14 日出生于荷兰鹿特丹。这位荷裔美国作家才华出众、文笔优美，他的许多著作一直备受赞誉，久传不衰。房龙不仅是作家，还是历史地理学家，他的著作涉及历史、地理、文化、科学等多个方面。在房龙的书中，读者处处可见理性、宽容、进步等宏伟主题。他以浅显易懂、风趣流畅的语言，向读者讲述了人类社会的文明发展和普遍真理，使读者汲取到广博的知识，感悟到人类辉煌的历史及文明。

　　房龙的主要著作包括《宽容》《人类的故事》《人类的艺术》《文明的开端》《圣经的故事》《发明的故事》《人类的家园》《伦勃朗的人生苦旅》等。在每本书中，房龙还会配上相应的插图，这些插图对后人来说也是一笔极其珍贵的遗产。

　　在儿童时期，房龙曾经和舅舅在荷兰生活过一段时间。正是在鹿特丹教堂的塔楼上，房龙对人类世界有了最初的印象，并开始痴迷于人类历史。他始终站在全人类的角度和高度，去思考、观察和叙述全人类的历史。

房龙以他那深入浅出的写作风格、诙谐幽默的语言形式，让一部部历史巨著读起来是那么津津有味。正如郁达夫所说："实在巧妙不过，枯燥无味的科学常识，经他那么一写，读他书的人，无论大人小孩，都觉得娓娓忘倦。"

《发明的故事》是房龙的代表作之一，它从人类最初的原始祖先讲起，叙说了人类从步行到飞行的跨越，从茹毛饮血到现代文明的进步历程。在房龙看来，第一个石器工具、第一顿熟食饱饭、第一件陶土器皿、第一个文字、第一只小船……这些看似司空见惯的东西，全都蕴含着人类无穷的智慧。这些东西的最初发明者已经无从考证，但他们无疑推动了人类社会文明的巨大进步。我们不能小觑每一项小发明，也不能漠视每一个新发现，正是这些看似平凡的东西把人类无穷的能量激发出来，搭建起了现代文明世界的摩天大厦。

不过，这本书并不是一部关于发明的科普著作，正如房龙所说，"这不是'发明史'，也不是一部关于人类智慧先知们不幸经历的文集。相反，本书只是想从智慧方面开阔人的眼界"。人类的智慧和潜力没有穷尽，它正等着我们继续开发。与此同时，房龙坚持：人类所有的发明都应当为自身的解放服务，而不应被战争、专制、压迫所利用。

《发明的故事》是大师的经典之作，既包含有趣的科学知识，也具有独特的人文视角。我们摘取了其中最精华、最可贵、最适合青少年阅读的内容，重新进行编辑、组合，增强了本书的可读性。同时我们根据文字内容，精选了多幅图片编排在本书中，力求为青少年读者呈现一个更加精粹、知识含量更高且赏心悦目的版本。

序言
XuYan

　　故事开始的时候，万事万物都再简单不过。地球是宇宙的中心，天空是个美丽的蓝色大圆顶。

　　每当夜幕降临时，调皮的小天使们就在这个大圆顶上戳出了很多洞洞。瞧，天空顿时撒满了星星。

　　可是有一天，一名勇士拿着一架三便士买来的望远镜，爬上了高高的塔顶，对着星空仔细地观察了很久。

　　从那以后，整个世界就开始麻烦不断。很快，人们发现太阳才是宇宙的中心，而不是小小的地球。随后又发现，大名鼎鼎的太阳系根本算不上是宇宙，它只不过是一个神秘而宏大的星系中的小芝麻粒儿。而这个星系又是另一个更为神秘、更为庞大的星系里的小不点儿。以此类推，这个更大的星系，也仅仅是银河系里偏居一隅的小家伙儿。

　　这些惊人的发现，不仅让神学家们惶恐不安，也让数学家和天文学家们心神不宁。在此之前，他们一直用"千米"和"英里"①来测量地球和月球之间的距离，甚至在测量地球和最近的行星之间

---

① 英里：英制长度单位，1 英里 =1.609 433 千米。

的距离时也使用这些单位。

但是现在情况变得有点复杂了。人们惊讶地发现，那个一直仅仅作为《圣经》的故事背景而存在的古老宇宙，就这样惊人地呈现在世人面前。而且这个宇宙中还存在着一种大得难以置信的星球，它可以轻而易举地把大部分太阳系吞进肚子，却丝毫不用担心自己会消化不良。祖先们用来进行简单计算的"零"，现在居然以十的十几次方倍增。看起来，该制定出一个新的几何标准了，否则非累坏了那些忙于计算的天文学家们不可。

就这样，天文学家们确定了以 92 900 000 英里为一个"天文单位"的计算标准，代表地球运行轨道半径的长度。只要人们不做距离地球太远的测量，这个标准使用起来就很方便。

可是，要知道，真正的星球并不是与我们为邻的那些小家伙儿，而是极其庞大的大块头儿。要是用 92 900 000 英里这个天文单位来测量这些大块头之间的距离，那简直就像过家家一样幼稚可笑了。

就在这时，阿尔伯特·亚伯拉罕·迈克尔逊[1]做了一个光学实验，弄明白了光线的特性。他发现，光其实是一种以每秒 299 820 千米的速度传播的物质。这倒足以启发人们的灵感。一年 365 天，一天 24 小时，一小时 60 分钟，一分 60 秒，这样依次乘下来，光在一年中所走的路程就是 10 418 623 400 000 千米。这个距离被称作"光年"，成为现在天文学中通用的计算单位。

这样看起来一切问题都迎刃而解了。在"光年"的定义出现之前，半人马座这个最近的邻居与地球的距离为 25 000 000 000 000 英里。现在，我们似乎可以不屑一顾地说："半人马座？哦，没错，离我们只有 4.35 光年。这看起来可太近啦，近得都可以去旅行了！"

---

①阿尔伯特·亚伯拉罕·迈克尔逊：波兰裔美国籍物理学家，1907 年诺贝尔物理学奖获得者。

可天文学家们对距离的追求是永无止境的。在距离地球2—3万光年的地方，他们发现了一些小星球。之后，他们又大胆地进入了星云，发现了众多闪烁的星体，它们看起来就像显微镜下的微生物，这些星体离地球竟然有200—300万光年那么遥远。

如此看来，"光年"这个单位也显得捉襟见肘了。

但是，谁还能提出更有力的测量单位呢？

我写下这些话，并不是想向你们炫耀自己的博学，我不过是靠着分期付款，才买到那套《大不列颠百科全书》罢了。我在"永恒"这件乐器上弹奏出的这几个和弦，是为了引出下面的话。

对宇宙的新探索，剥夺了地球作为"宇宙中心"的荣耀，也摧垮了人类自直立行走以来获得的尊严。宇宙中有着不计其数的星体，许多星体距离地球都超过了上百万光年。面对浩瀚的宇宙，人类认识到了自己的渺小，放弃了头上那顶自诩为上帝宠儿的光环。人们开始认清了自己——有点儿小聪明的动物，仅此而已。

但是没过多久，人们就发觉，让自己改变原有的心态几乎是一件不可能的事情。因为遥远的天蝎座（直径为640 000 000千米）上的火山爆发，远没有自家后院失火这件事儿重要；猎户座一等星参宿四[①]灭亡的传言，也远没有自家汽车汽缸中传出的声响更让人紧张；比起月球有可能消亡的消息，长智齿的疼痛反倒更能让人感到忧虑。也许，这也不是什么坏事。

正当天文学家忙着探索宇宙，将视野扩大得漫无边际的时候，另外一些科学家却把目光对准了原子。他们把这些可怜的小东西分得越来越小，直到揭开了一个由无限小的粒子构成的世界。这些微粒的直径大约只有10^{-14}毫米，它们按某种规律和平衡精准地运行着，

---

① 参宿四：即猎户座 α，是猎户座第二亮星，只比邻近的参宿七（猎户座 β）暗淡一点。

就像缩小了的太阳系。

各种各样的新发现弄得人们晕头转向，有的人甚至拒绝相信。在把这些发现真正弄明白之前，还是让人类继续把自己看作宇宙的主宰吧。

几千年来，人们始终认为自己就是万物的创始者和终结者。不过，他们的内心里已经埋下了怀疑的种子：宇宙也许并没有起点，也无所谓终结。也许，100万年前的"此时此地"乃至10亿年后的"此时此地"，跟我们现在的"此时此地"完全相同。

人类也许是宇宙中最完美的生命体，不过现在下结论还为时过早。我们还要去探索宇宙中数以亿计的星球，去发现跟我们类似的星际旅伴。

总之，经过了数千年的辗转，人类再一次敢于品味那华丽的词句，那高尚的人生哲理："我们只不过是渺小的人类而已，一切与宇宙有关的事物都值得我们去关注。"

与生俱来的好奇心——这项人类崇高的专属权利，让本书的主人公们在人类理性的范围内乐于探索宇宙的每个角落、每个未知的领域、每个神秘的现象。在永无止境的探索之中，他们不盲从于任何人和事，只依据真实存在的真理。而这些真理，正是我们未来得以发展的基石。

如果获得了成功，他们会谦逊地告知邻里；如果暂时遭遇了挫折，他们也会坦然面对，把未竟的事业留给更好的研究者。

最重要的是，他们宽容、幽默、直面人生、不屈不挠，他们在那些未知的领域里奋斗，直到生命的尽头。当最后一天到来时，他们会毫无怨言地放弃一切，因为他们知道，生与死只是两种表达方式，在本质上没有什么区别。在这个世界上，最有价值的，莫过于向未知领域挑战的勇气。

我知道这些话听起来有些复杂，但只要你耐心地多读两遍，就会发现其复杂程度还不及你预想的一半。

如果有人觉得阅读这本书简直是个负担，那么最好立刻把它放下，因为很快你就会感到枯燥、乏味、不耐烦，甚至一边问自己："这本书到底写的是什么呀？为什么要写这么一本无聊的书？"一边暗自后悔："还不如用这些时间来看电影呢！"

但对另一部分读者来说，他们对我写作的目的早已了然于胸。他们明白，虽然我没有切实地解决任何问题，却尽了自己最大的努力，试图解释事物产生的方式，也是唯一可能的方式。数千年来，残酷的暴政把地球变成了血腥的屠宰场，导致人类不敢面对自己的无知和偏见。而只有在追溯事物产生的原因的过程中，我们才有望从残酷的暴政下解放自己。

最后再补充一句，没有先驱者的无私奉献，这一伟大的解放事业就永远不会实现。

有些读者可能会怀疑，我试图在本书的字里行间为这些先驱者高唱赞歌。不错，事实正是如此，这就是我写作本书的目的所在。

亨德里克·威廉·房龙

1928 年 8 月 31 日

◀ 亨德里克·威廉·房龙：
荷裔美国作家，在历史、文化、地理、科学等方面都有建树

目录 /Contents

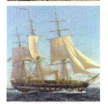

—— 第一章 ——

人类，发明家

RenLei,FaMingJia

在天气晴朗的日子里，一小粒尘埃（地球）离开了古老的太阳妈妈，开始独自旅行。这件事在宇宙中并没有引起注意，因为在无数庞大的星系中，它简直太渺小了，以至于那些古老的、远在天边的星球显贵们，没有一个注意到这位小兄弟的加盟。除非住在那里的居民们拥有特别先进的望远镜，不过这显然不太可能。

▼ 天文摄影图片：地球及银河系内的球状星体堆

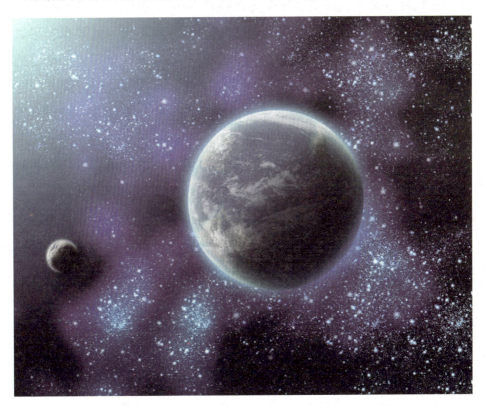

好了，我们最好不要再纠结于地球在宇宙中无足轻重的地位了，因为不管怎么样，我们都是这颗小星球上的囚徒。不管我们喜欢与否，这颗小星球都是我们的家园，而且在未来很长的时间内都会如此。

我并不是说我们不能进入太空，偶尔拜访一下天穹中的其他角落，可那些星球究竟适不适合人类居住，目前还是个未知数。要么生命根本无法在那里存活（太阳系中的大部分星球似乎都是如此），要么它们已经孕育出了自己的生命形式，那也许比我们这个漂浮着的星球要古老得多。也许在一两百万年前，那里就已经诞生了文明的萌芽。可以想象，我们要想融入那里的文明会是一件多么艰难的事情。

这倒让我想起了一个困惑已久的问题：为什么人们如此痴迷于侦探小说？

对于这个问题通常的回答是"神秘的谜团在吸引着我们"，或者"眼见一条模糊的线索逐渐演变成一连串铁证，这个过程实在是让人着迷"。

在我看来，恐怕这就是正确答案了。但我搞不懂，如果事实果真如此，为什么没有更多的人去研究地质呢？要知道，我们地球家园的故事，本身就蕴含着一个又一个的未解之谜。人类现今已经揭开的谜题仅仅是冰山一角，前方仍旧迷雾重重——这并不是说我们就无从下手，其实每个谜团里都有线索可寻。

古人们懂得这个道理，所以他们想尽办法，迫使地球上的岩石和平原述说出人类的起源和地球的早期历史。可惜的是，他们的后代——那些谦恭的中世纪人——尽管是战场上骁勇善战的英雄，却是理性王国里的懦夫。他们从不质疑，只是恭顺地接受古书上的教义。如果有人对地球的秘密流露出些许好奇，就会被视为亵渎神灵。

今天，中世纪已经成为博物馆里尘封的历史。再过一两万年，这块我们赖以生存、繁衍生息的地壳，就会变得像阿司匹林药片和南瓜派一样毫无秘密可言。

我似乎把几万年、几十万年一笔带过，以至于让几个世纪的时间显得过于随意了。但我必须如此，因为，新的史前发现将人类的历史向前推进了 4 倍。此外，意识到我们熟知的事物有着如此悠久的历史，有利于滋养我们的灵魂，让我们学会谦卑和忍耐。当我们认识到祖先们花了大约 50 万年的时间才学会了直立行走时，我们对当代那些未能如期解决的问题会更加宽容，也会更好地审视自己。我们不再高估自己的位置，而是看清自己只不过是在大多数生物出现在地球上的亿万年之后，才姗姗来迟地成为地球新贵罢了。

说到人类如何在自然演变中进化为直立行走，我们仍有很多细节无从知晓，却能猜测一二。

从地表温度冷却到可以让生命存活起，这种演变便开始了。很快，各种各样的植物就遍布在地球表面，水中还出现了甲壳类生物，它们是地球上名副其实的最早的主人。

我们知道，有些动物一直以海洋为家，成为我们食用的鱼类的祖先；有的长出了翅膀，翱翔于天际，繁衍出现代的鸟类；还有一些与今天的蜥蜴和蛇同属一类的爬行生物，遍布在辽阔的疆域里，在此后很长的一段时期里，它们大有统治地球的趋势。那时地球上的气候温暖而潮湿，很适合大型生物的生存和繁衍。地球上广阔的水域，也是它们生存的好地方，这些庞然大物在水里游动得那么自如，活像神气十足的战舰。

我们可以想象，那时的空中、水中和陆地上，都生活着这些巨型动物。它们高达 40—60 英尺①，肚子大得简直就像游艇的船舱。可后来，这些巨兽却悄无声息地从地球的各地消失了。

地球早期的这些统治者们到底是怎样凄惨地走向灭亡的？为什么今天地球上只能找到它们的袖珍版本呢？几年前我们还是一头雾水，但是现在我们至少可以说，造成它们灭绝的原因不止一个，而是多种因素相互作用的结果。同时"物极必反"这条定律，似乎也可以用来

①英尺：英制长度单位，1 英尺 =0.304 8 米。

▲ 恐龙化石：恐龙死后骨骼因完全矿物化而得以保存的石化物质

解释这个谜团。

就拿武器装备的现状做个比喻吧。与各国扩充军备相比，一切出于世界和平和人类安全而产生的良好意愿与建立的国家联盟，都显得那么微不足道。现代的军事装备庞大、笨重，想让它们动起来，成了越来越棘手的事情，眼看着它们就要变成既不能飞，也不能跑，又不能走的废铜烂铁。它们笨拙地移动着，就像陷入泥沼的卡车一样寸步难行。

远古时代的那些大型动物也经历了这样的进化过程。它们的体形越来越庞大，身上的盔甲也越来越厚重，直到压得它们再也走不动、游不远了，只能在无边的沼泽里艰难栖息着。那个时候，地球表面被大面积的沼泽所覆盖，除了芦苇和海藻外，几乎再也没什么可吃的东西了，这些庞然大物尝到了饿肚子的滋味。

随后，地球上的气候发生了突变（那时的气候比现在更容易发生这种变化，因为现在海洋和陆地的分布比例更为均衡），导致了这些低智商的大家伙无论在海里或陆地上，都无法找到适合生存的地方和足够的食物，等待它们的只有灭顶之灾。这些曾经遍布地球各个角落的爬行动物——主宰了地球长达数百万年的统治者，就这样彻底地消失了，没有一个能活着看到大型哺乳动物和人类的诞生。

今天，它们只能站在博物馆（只有博物馆才有如此大的空间来容纳它们庞大的身躯）的展台上，用它们那副滑稽的骨架朝我们龇牙咧嘴。

这就是我们通常所知道的历史，但我不敢肯定这就是故事的全部。是否还可以从另一个我们从未想过的角度解释这个过程？我想，它会跟被人们普遍接受的版本一样引人入胜。

小到微生物，大到骡子，气候的变化关乎所有生物是否能快乐舒适地生活。气候的变化并不总是致命的，除非剧烈到足以造成毁灭性的灾难。这种灾难跟经济危机类似，遭殃的都是没有准备的人，只有那些懂得采取自卫措施的人才能够存活下来。

借着这个话题，我终于可以言归正传，让本书真正的主人公出场了。我要是还在这里滔滔不绝，想必读者就要不耐烦了。

哎，这种生物第一次出场时，可是一点儿英雄的样子都没有，反而更像是那些关在动物园里，躲在铁笼子后面用忧伤的眼神盯着我们的狒狒和猩猩。我并不是说人类直接起源于这些外貌像人的猿，也不是说人类的祖先就是大猩猩。如此解释，会让人类的起源问题显得过于简单了。

但现有的研究表明，几百万年前，猩猩、狒狒与人类确实有着共同的祖先。这个家族的一支进化得更高级、更聪明，而其他分支则仍旧栖息在阴暗的原始森林里，过着猛犸和洞熊时代的生活。它们还是那么傻乎乎的，被人们捉进笼子，供城市里的"表亲们"观赏。这似乎也在警示着人类：那些甘于现状、不求上进、懒于思考的人，如果再不努力的话，就会面对和猩猩、狒狒相同的命运。

在那么多更为凶悍的动物的威胁下，人类如何从长尾四脚的卑微动物，进化成没有尾巴、能够直立行走的尊贵的宇宙统治者？对于这个问题，我们进行科学研究的时间还很短。因为在古代的蒙昧时期，这种好奇心往往会带来被捆在火刑柱上烧死的厄运。所以，对于人类这一跨越式进化的细节，我们仍然知道得不多。

所幸的是，科学家们还是取得了一些进展，让我们大致了解到，我们的祖先在解放出双手之后，是如何鼓足勇气，试图摆脱动物般的乏味生活的。

当我们的类人猿祖先在地球上崭露头角的时候，气候温暖，地面上的水量比现在要多。一小块一小块的干燥陆地上，覆盖着郁郁葱葱的森林。森林里居住着许多猿类种群，它们有着共同的类人猿祖先。它们在树上生活，个个堪称技艺精湛的杂技演员，因为它们的自身安危全依赖于精准的远距离跳跃。它们无意于训练自己如此灵巧敏捷的身手，可在更强大的敌人面前，它们必须更灵敏才能逃脱被吃掉的厄运。

如果一切顺利，世界会一直这样发展下去，类人猿终将成为地球的主宰，就像之前的大型爬行动物和巨型哺乳动物那样。

虽然某些老实人更喜欢维持原状，可世界从来不是一成不变的。就在大约1000万年前，地球上又发生了一次巨变。水域减少，陆地扩大，气温变低，空气不再湿润。环境的改变显然不利于植物的生长，很快（也要几十万年后），曾经铺满了森林的大块陆地逐渐露出零星的空地来。最后，森林退缩为草原和雪山包围中的小块"孤岛"。

我们的祖先终于迎来了他们的时代。

在此之前，他们生活得自由自在，在莽莽林海中跳跃穿行。可森林面积的减少让他们无计可施，就好像脱轨的火车一般寸步难行。

更糟糕的是，山脉越升越高，变成一道道屏障，把陆地分成许多块区域，只有飞鸟和一些生命力顽强的昆虫才可以翻越屏障到另外一块陆地去。

就这样，适者生存的法则开始发挥神奇的作用。大多数类人猿无计可施，只能坐以待毙；而那些比较聪明的动物，则选择了向命运挑战。

他们挑战的唯一武器就是智慧。

在这个时期，我们的种族承受住了最严峻的考验；在这个时期，人类未来的命运也被决定了；在这个时期，人类的祖先学会了发明。

如今，一提到"发明"一词，我们立刻会想到飞行器、无线电，以及各种复杂的电子设备。但我想说的发明与这些截然不同，我指的是那些最基本、最原始的发明。令人奇怪的是，只有人类这一种哺乳动物能进行这种发明，以帮助自己的种族在大多数动物濒临灭亡时幸存下来，为自己和后代争取到一个至高无上的地位，而且这个地位牢不可摧。除非人类被愚蠢和贪婪蒙住了双眼，继续施行暴政和发动战争，在无休止的自相残杀中，让那些勤勤恳恳、繁殖力超强的昆虫有机可乘，最终将我们自己吃得一无所有。

在动物界中，并非只有人类才懂得发明，人类的一些竞争对手也

发明过东西。不过，普通动物的发明和人类的发明有着天壤之别。

　　普通动物脑袋中的新想法，从来不会超过一个。即便是这点可怜的想法，似乎也耗尽了它们的想象力。从此以后，它们也只能是简单机械地重复罢了。

　　它们在 1928 年垒的巢、织的网、建的坝，跟公元前 1928 万年建造的巢、网、坝没有任何区别。如果它们就这样一直活下去——但愿它们的种族不会消亡，可以想象，即使再过 1928 万年，它们依然还只会造和现在一模一样的东西。这些动物所谓的发明，只不过是为了在野外的生存。有一件事情最能说明问题，那就是，它们一旦被人类捕获饲养起来，就会马上停止劳作，享受起饭来张口的生活。可人类似乎很早以前就已经意识到，生活并不仅仅是填饱肚子，还要满足精神方面的需求。于是人类就想方设法把自己从繁重的体力劳动中解放出来，

▼筑巢：鸟类的发明，是鸟类繁殖成功的重要一环（詹培明／摄影）

以便获得更多的空闲时间。长期的摸索，让人类明白了只有不断地去发明创造，才能让自己的生活变得轻松。在人类诞生之初，大自然就赋予了他们创造的本能。虽然这种力量是那么有限又弱小，但经过不断地强化和拓展，最终成为了人类发明实践的基础。

上面的这段话很长，因为阐述重要的观点需要复杂的词句，特别是当一个人在讨论关于生存这个问题的时候，不可能像讨论天气和即将到来的选举那样草率。只要你理解了本页里我所表达的意思，你就不用担心搞不懂这本书的内容，所以你现在可以放心了。我建议把上面最后那一百来个字多读几遍，对你来说绝对有益无害。

正如我们现在知道的，人类最初就占有很大的优势。由于我们的祖先一直生活在树上，练就了一副敏捷的好身手，所以在其他动物被困在绝境之前，他们就已经被生存环境训练出了一副高度警觉和快速反应的大脑。当其他动物还在凭蛮力互相厮杀的时候，我们的类人猿祖先们已经能够凭借灵活的手脚和聪明的头脑，与那些足以把大树撕得粉碎的尖牙、利爪相对抗了。

随着森林逐渐消失，栖息其间的生物们急需改变以前的生存方式。在环境的变化中，类人猿在掌控自己的手和脚方面，已经积累了相当多的技能。为了能在低矮的灌木丛和高高的芦苇丛中觅食，他们毫不费力就学会了用后腿站立，用前腿保持平衡。

可实际情况并没有这么简单，我们的祖先再次被粗鲁地抛在了命运的十字路口，要么一成不变，等待灭亡；要么改变自己，谋求生存。在我们的祖先瞻前顾后时，无情的大自然迫使他们做出了选择。气候的剧烈变化导致了森林面积骤减、水量减少、山脉增高。同时由于气温骤降，地球上再次出现了"冰川期"。在此之前，冰川期也会周期性地到来，将南北半球的大部分地区覆盖上厚厚的冰层，严寒把动植物们驱赶到了赤道两侧的狭长地带。

当最后一片绿荫消失后，他们被完全暴露在广阔的平原之上。这

时，他们不再是那个在树丛中跳跃的种族，而变成了怪模怪样的新动物。他们迅速掌握了一种高难度动作，即完全不依赖任何支撑物就可以直立行走，这样，前爪便从辅助平衡的工作中解脱出来，用来完成抓握、搬运、撕扯之类的动作。在此之前，这些动作都是要靠牙齿来完成的，可以想象那会是多么笨拙，而且效率低下。

　　直立行走是人类进化旅程中所迈出的第一步。可千万别小瞧了这第一步，这一步为第二步奠定了坚实的基础。关于第二步的内容，则是本书要详细介绍的，其中包括手、足、眼、耳、口的能力，以及皮肤的承受力逐渐增强的过程。人类领先于其他生物物种完成了从猿到人的进化过程，使我们得以在动物界独占鳌头，成为这个既是家又是牢笼的地球的绝对主宰。

　　懒惰是万物的天性，可这一点常常被现代人忽略。在现代，机械文明带来的空虚和无聊只能通过工作来消除。既然生物的根本使命就

▼人类的进化过程

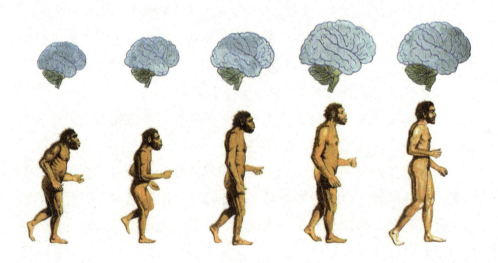

是繁衍下去，那么为了生存它会不惜一切代价。一旦生存问题得到解决，就没有哪种动植物会选择奔波忙碌，而放弃舒适安宁。不论是珊瑚还

是小虾，不管是参天大树还是凶猛的狮子，即使人类也不例外。在那段漫长的时间里，地球上适宜生存的面积只剩下原来的 1/8。日趋残酷的自然环境逼迫着人类放弃安宁，主动地去迎接挑战。人类当初的勇敢也成就了他们现在的辉煌。

那个时候，人类的栖息地被冰川所包围，一年中的夏季缩短成可怜的几天。从北极到阿尔卑斯山，到处都覆盖着茫茫冰雪。在这样极端恶劣的环境中，值得庆幸的是，人类不但没有退缩，反而在各个领域里都取得了空前的进步。

美国作家爱默生说："灾难是真理的第一程。"这就是说，逆境

▲冰川期：地球表面覆盖有大规模冰川的地质时期

是最好的学校。的确，"冰川学校"无疑是人类上过的最棒的培训学校，而这所学校的第一课内容就是：要么充分发挥智慧的力量，要么坐等灭亡。

在那段被人遗忘的漫长岁月里，我们的祖先是卑微的野兽，是臭气熏天的野人，与其他动物没什么区别。但是他们有理由得到我们的谅解，因为他们不畏实力悬殊，勇敢地站出来与大自然对抗，并最终夺取了胜利。这些壮举在今天看来，是多么让人钦佩。

那么，在这场对抗中，人类究竟是如何最大限度地发挥手、足、眼等身体器官的能力的呢？下面我就来告诉你们。

---- 第二章 ----

从兽皮到摩天大厦
Cong ShouPi Dao MoTianDaSha

　　为了用最小的付出来换取最大的快乐，人类已经做出了许多值得称赞的努力。所有的发明创造，也都是为了实现这个目标。

　　可是，有些发明只是增加、扩展、强化了某些身体器官的机能，比如"说话""走路""投掷""听音""识物"；而另一些发明则源于人类对维持身体及感官愉悦和舒适的渴望。

　　在这里，我的分类显然不那么严谨，因为有许多发明都是互相重叠的。但话又说回米，所有科学分类方面的尝试都面临着同样的问题。自然界本身就是复杂而深奥的，人类又恰恰是自然演进中最繁复的因素相互作用的结果。因此，一旦某些事物与人类本身，以及人的欲望、人的成就扯上关系，就会变成一个复杂的矛盾体。

　　就拿与人的皮肤相关的发明来说，它们是属于第一类——与增加、扩展、强化机能相关的发明呢，还是属于第二类——与维持身体及感官愉悦和舒适相关的发明呢？说实话，我也不清楚怎么划分才好，不过我还是想在本书中讨论一下。如今，我们想当然地认为，与皮肤相关的发明应属于第二类，认为它们仅仅起到了维持身体及感官愉悦的作用。可事实上，从一开始，就没有什么器官比皮肤更能保障人类的生存。所以，本章我就要讲讲它们。

　　现在，让我们开始吧。

　　自古以来，动物们都是赤身裸体的。不管它们有多冷，也从来没想过用死去的同伴的皮毛来保暖，以抵御冰雪风暴的袭击。当暴风雪或冰雹袭来的时候，它们能做的就是蜷缩在岩石下面，仅此而已。

在现在看来，天冷加衣简直是再简单不过的常识。我们根本想象不出，那个人类对此常识一无所知的远古时代是什么样子。但千真万确，当时人类真的不知道，只要裹上一层兽皮或是毛毯、麻布外套，或者草和树叶编成的斗篷，就能有效地抵御寒冷的天气。

阅读本书时你会发现，最简单的发明往往最难想到。即使一个再简单不过的装置，也需要经过千千万万的人付出聪明才智和不懈的努力，才能最终被发明出来并投入使用。

▼绘画：描绘了身着兽皮的原始人

当然，我们无法得知进化旅程中这些先行者的名字，但一定有这样一位尝试披上牛皮或熊皮的"第一人"，正如第一个使用电话的人、第一个倾听电报微弱信号声的人一样。而且我深信，第一位穿着外套出门的人，会比第一个开着汽车在纽约第五大道上行驶的人更能引起巨大的轰动。

他很可能遭到围攻，更有可能因被当成干涉神灵意志的危险巫师

而遭处死，因为神在创世之初就做出决定：人在冬天必须遭受严寒，在夏天必须忍耐酷暑。

在那个以狩猎为生的世界里，兽皮相当充裕。但是，死亡动物的皮毛有几个缺陷，首先，它们会散发出阵阵恶臭，史前人类除了把它们拿到太阳下暴晒之外，没有任何处理办法。不过，对于习惯于在腐烂的剩饭剩菜中讨生活的史前人类来说，这也没什么大不了的。但另一个问题是，死亡动物的皮毛既易开裂又不合身，风一吹就透，遇到暴风雨或暴风雪时就更加一无是处了。所以一些"好事者"（为人类做出杰出贡献的人）暗自琢磨："现在这些兽皮看来还可以凑合着用，但我们就不能找到更舒服的替代品吗？"于是，他们开始将设想付诸实践，并找到了一些"同样好"的东西，诸如棉、毛、麻、丝。这些材料似乎来源于亚洲，在人类进步史上发挥了巨大的作用。要知道，中国的历史可比西亚和北非的历史悠久得多，但是中国人的信仰跟白种人完全不同。当然，这是另一个话题了。

渐渐地，有些人得出了一个荒唐而幼稚的结论：历史应该上溯至公元前 4000 年至公元前 2000 年的某一天！于是，他们开始在丹麦的垃圾堆里挖掘，在法国南部和西班牙北部的山洞里点起蜡烛，希望发现些什么；他们还从废品收购者的手里，抢救回在奥地利和德国的泥土里出土的奇怪塑像和破裂头骨。得到这些丰富而有趣的材料之后，他们才不得不承认，那些曾被极度蔑视的冰川期的祖先们，并不像我们想象的那样愚昧无知，被大肆吹捧的埃及文明和巴比伦文明，仅仅是从某些部落创始的文化延续而来——早在金字塔开始建造的几千年前，这些部落就已经消失得无影无踪了。

今天，如果真像一些博学的教授们宣称的那样，已经破解了法国南部山洞周围的神秘石刻，那么我们就可以将人类有记载的历史往前推至少 10 000 年。这样一来，人类文明的历史就不仅仅是 5000 年，而是 15 000 年了。

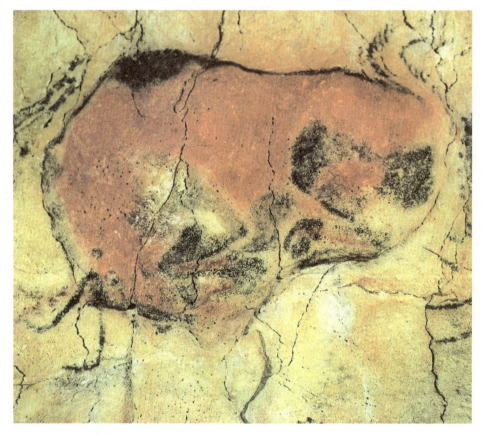

▲ 壁画：位于西班牙阿尔塔米拉洞窟，1985 年该洞窟被列入世界遗产名录

但我还是要提醒大家，目前我们对这一知识领域的探索少之又少，我们对公元前 15 000 年的欧洲和亚洲的了解，就像我们对海底世界的了解一样极其有限。但是每个理智的头脑都应该清楚，对海底之谜的全面揭示只是个时间问题。那么所谓的史前历史也将是如此。如果拥有更多严谨而认真的研究者和更多的和平年月（对于塞满了陶罐、陶盘的藏宝室来说，枪林弹雨可不是什么好玩意儿），那么我们对上次冰川时期的人类的了解，就会像对亚述国王提格拉·帕拉萨三世①的了

①提格拉·帕拉萨三世：亚述帝国的杰出国王，于公元前 745 年—公元前 727 年在位期间进行了文明、军事和政治系统多方面的改革与创新，使亚述帝国进入了新阶段。

解一样多。

比如说，从一些史前的图画（我们的祖先可是了不起的画家）中可以得知，人类曾经把死去动物的皮毛风干，穿在自己身上。虽然我们不清楚他们是如何把粗糙的兽皮变成了常用的皮革，但是根据实地考察，以及一些常识，我们不难做出判断。

要想把生皮做成皮革，就要经过"鞣革"的过程。字典上对于"鞣革"的解释是：把生皮浸泡在盛满鞣酸或矿物盐的溶液中，从而制成皮革的生产过程。

那么，在古代谁最懂得利用矿物盐制革呢？答案是：埃及人。因为宗教信仰要求他们必须尽可能长久地保存尸体，因此在邻国压根儿还没有想到这种方法之前，埃及人就已经将这门防腐技术运用得炉火纯青了。

只要到尼罗河谷去看看，我们就会发现，埃及人成为技艺娴熟的制革工人比世界上其他民族要早好几个世纪。关于这一点，那幅底比斯国王墓室里的绘画《鞋匠铺》就可以很好地说明。

鞣革技术从埃及传到了希腊，但是希腊人的品位更为雅致。当哲学家们在高谈阔论生存问题的时候，身着毛外套显然比皮大衣要舒服得多。因此，皮革业还没等在希腊繁荣起来，就马不停蹄地来到了罗马。与希腊相比，皮革业在罗马的待遇大不相同。当时每两个罗马人里就有一个是士兵，他们需要结实的皮鞋、头盔带和铠甲，而这些用品都要用牛皮和羊皮来制作。为了抵御撒哈拉沙漠的酷热和苏格兰的潮湿，这些牛皮和羊皮必须经过适当的处理。

与此同时，在埃及，一些皮革替代品也日渐完善。在尼罗河谷、底格里斯河谷和幼发拉底河谷，相比抵抗严寒，人们更需要耐热的材料。因此，他们很早之前就在努力寻找比驴皮和羊皮更为凉爽的衣料。几千年来，他们用各种草料和树叶来纺织衣料，最终发现了我们现在使用的一种叫作"亚麻"的植物茎。

▲绘画：描绘了古罗马士兵的形象

在电报和报纸出现之前，世界上有一半的人还不知道另一半人在做些什么。可事实上，电报和报纸既可以传递可靠的信息，也可以散播谬误的信息。大约在一万年前，关于一些有趣的话题，例如多尔多涅穴居者的首领们前天晚上吃了什么，或是瑞士湖人秋季穿着什么，绝不会传到在西伯利亚洼地里以猎捕猛犸象为生的猎人的耳朵里。可是一旦发生了重大事件，或出现了能够征服自然的发明，那么不论是

▲亚麻：作为纯天然纤维，亚麻具有吸汗、透气性良好和对人体无害等显著特点，在服装、纺织行业越来越受到重视

中国人、克里特人，还是大西洋沿岸的人，似乎都能同时知晓。我的意思并不是说，得到消息的人都能充分利用它们，即使是在今天，我们仍旧无法做到这一点。漠然、愚昧，特别是对未知事物的恐惧，一直都是阻碍人类理性发展的敌人。可是如果一项发明能够有利于人类，那么它的传播速度就是惊人的。诸多洞穴和墓葬里的物品无疑可以证明这一点。

如果不是这样，当亚麻在尼罗河谷生生不息的时候，我们就不会发现瑞士的湖区同时也在种植亚麻，因为这两个地方相隔天南海北。但这种作物到底是在何时何地开始种植的，我们仍旧无法知道。这和棉花的情况一样，我们先是在波斯听说过，但几年后它就遍布两河流域了。

据希罗多德①的记载，棉花的产地最初是印度，但是这种作物的种

①希罗多德：公元前5世纪时的古希腊历史学家，西方文学的奠基人、人文主义的杰出代表，著有史学名著《历史》。

植和采摘过于复杂，所以它的应用没能像亚麻或羊毛那样普及，那时的人认为它并不适合作为取代兽皮的材料。现代人当然知道这是怎么回事儿，可是在当时，这个问题像大山一样古老，简直可以追溯到石器时代后半期了。

最初，人类根本不需要什么"大规模生产"。在冰川期，人们总在不断迁徙。他们的饮食和生活条件，比不上美国 1928 年经济大萧条时最穷困的贫民区居民。从那些在洞穴里和潮湿河床上发现的人类骨骼中，可以看出他们中的大部分人曾遭到疾病的折磨。在潮湿的地方睡觉当然容易生病，这些疾病把大批不到 40 岁的人送进了坟墓。

婴儿死亡率超过了 50%，一旦冬天特别漫长而寒冷，整个村落就会变得荒无人烟，就同今天爱斯基摩人和加拿大北部的印第安人遭受的情况一样。因此，那时的人口数量少得可怜。直到开辟了尼罗河和幼发拉底河的大粮仓，情况才发生了改变。从那以后，人类可以随心所欲地繁衍生息，并定居在同一个地方。城市由此发展起来，城里的居民开始需要大量物美价廉的衣服。

毛纺织业就这样应运而生了。制作出第一件毛衣的功劳无疑应该归功于农民，是他们首先认识到饲养一种叫作"绵羊"的动物的重要性。第一位牧羊人一定隐居在中亚群山之中，因为毛纺织业就是从突厥斯坦向西传播的，途经希腊和罗马，直达大不列颠群岛。在后来的 1000 多年里，大不列颠群岛一直处于世界羊毛生产的中心地位，甚至以这一出口项目为要挟，迫使邻国臣服于自己。

在羊毛得到开发后的很长时间里，世界上其他地方的羊毛供应全都仰赖英国。美国也不例外。英国人当然深谙此道，并将这一垄断地位的作用发挥到极致。当然，任何国家都是如此，只要垄断了一种消费品，就会以此来制约别的国家。

中世纪的歌谣和长篇史诗为我们深情描述了当时人们纺线织布的情景，这些文字提醒着我们一个不可忽视的事实：那些提供皮毛的无

羞羔羊，就像 50 个钻石矿或油井一样，也曾引发过大量的流血冲突。

比起羊毛，另一种皮革代替品的问世更是不可思议。它是一种虫子吐出来的丝。这种虫子的学名，叫作"蚕"。

蚕丝一出现，就成为名利场上竞相追逐的对象，因为它满足了人

▼珍妮纺纱机：1764 年由英国人詹姆斯·哈格里夫斯发明

类既懒惰又爱慕虚荣的本性。如果一个人不能向别人炫耀自己奢华、稀有的衣服，让邻居眼红的话，那么口袋里的钱再多又有什么意义呢？如果人人都穿着用亚麻布和羊毛做成的衣服，那怎么显出自己的高贵呢？这个问题可愁坏了那些可怜的富人们。他们挖空心思，要么找到一种既别具一格又昂贵保暖的衣料，要么就干脆什么都不穿，当然后者是气话。

就在这时，中国的这种叫作"蚕"的小虫子，为他们解了燃眉之急。要知道，在古代，这种丝织品的价值可是跟黄金一样昂贵。

蚕来源于遥远的东亚一角，是中国人率先发现了它蕴藏着的、关乎美与文明的价值。这是中国人对世界文明的杰出贡献。中国人对这

一发现颇为自豪，并称其为来自于神的恩赐。据传说，生活在摩西①之前1000年的大名鼎鼎的黄帝，有一个可爱的妻子嫘祖，她是第一个研究这种小虫子的人。她发现了虫子的小腺体可以喷射出长达1000码②的丝，还可以利用吐出的丝结茧，将自己牢牢地裹在里面。

炎黄的子孙们非常珍惜嫘祖的功绩，因此，2000年以来，他们一直将蚕丝的制作法当作神圣的秘密来保守。后来，日本派出一支商队来到了中国这一神圣的帝国，把几名中国女子诱骗回了日本，才将这种高贵的制丝技术带到日本。

不久后，一位中国公主将桑树树种和蚕卵藏在丝绸头饰里，然后将这个宝贵的财富偷偷带到了印度。就这样，从印度出发，蚕丝开始了向西行进的辉煌征程。

▼绢画：《养蚕采桑图》，描绘了中国古代养蚕制丝的场景

---

① 摩西：公元前13世纪时犹太人的民族领袖。
② 码：英制长度单位，1码=0.914 4米。

　　亚历山大大帝^①早在东征途中，似乎就已经听说了蚕丝的存在，大名鼎鼎的亚里士多德^②也提到过这种虫子。在之后的几个世纪里，对于那些追逐时尚的罗马贵妇人来说，华丽的丝绸服饰在她们的生活中不可或缺，前提是她们的丈夫要负担得起丝绸服饰的高昂价格。

　　直到公元 6 世纪末，蚕丝仍跟今天的白金一样稀有。后来，有两位波斯僧侣把蚕种偷偷地藏在竹筒里，顺利通过了中国的边防哨卡，把这个违禁品献给了君士坦丁堡的东罗马帝国皇帝。于是，君士坦丁堡顺理成章地成为了欧洲丝绸贸易的中心。

　　当十字军劫掠这一圣地的时候，他们的箱子里塞满了一包包抢来的蚕丝。在中国人发明织丝品 3000 年之后，丝绸终于传入了西欧。即便如此，丝绸在当时仍旧是顶级的奢侈品。如果哪位法国勃艮第^③亲王女儿的嫁妆里有一双真丝长袜，都将是引以为傲的荣耀。600 年后，愚蠢又虚荣的约瑟芬皇后在丈夫拿破仑出征欧洲的时候订购了大量的丝袜，这笔交易几乎让自己的丈夫破了产。

　　一旦每个女人都觉得自己有权利像法国皇后一样打扮的时候，情况终究要发生变化。从那时起，即使将全球的桑蚕全部找来制丝，也无法满足新兴工业国家的需求。于是以助人为使命的化学家们被请来填补这一空白。他们很快就找到了一种人造丝做替代品。这种人造丝的原材料跟我们今天造纸用的材料一样，很粗糙，也不结实，但在瞬息万变的时代里，没人会为这件事儿操心。现在，女人们穿着鲜亮的衣服招摇过市，而她们的衣服仅仅是用木头制成的而已。

　　关于替代远古祖先的牛皮衣服的各种材料，我们就先说到这儿。

---

①亚历山大大帝：古马其顿帝国国王、亚历山大帝国皇帝，世界历史上著名的军事家和政治家，是欧洲历史上最伟大的四大军事统帅（亚历山大大帝、汉尼拔、恺撒大帝、拿破仑）之首。

②亚里士多德：古希腊人先哲，世界古代史上伟大的哲学家、科学家和教育家之一，堪称希腊哲学的集大成者。

③勃艮第：西欧历史地区名，位于汝拉山脉和巴黎盆地东南端之间，为莱茵河、塞纳河、卢瓦尔河和罗讷河之间的通道地区。多用于指除 17 世纪和 18 世纪法国勃艮第省外，另拥有其他广大领土的两个王国和一个公国。

▲壁画：描绘了身着丝绸的美娜德。现存于意大利那不勒斯博物馆

虽然这些材料不论是在成本、质地，还是工艺上都大不相同，但奇怪的是，自从第一个人披上了马皮并感觉舒适之后，人类对于服装的基本看法就从未变过了。

但是最近，飞行员们在高空飞行时受到极寒的威胁，于是又有了宇航服的发明。这种衣服需要借助一小块电池来保温。

如果能发明出更小的、可以塞到衣兜里的电池，那么用不着 50 年就会掀起一场服装业的革命。到那时，当天气寒冷的时候，我们不必

▲ 20 世纪 30 年代美国妇女服饰（FOTOE/ 提供）

借别人的外套来穿，而是径直走到朋友家给衣服充个电就行了。

　　这样的想象现在听起来似乎有点荒唐，但我还不是老古董。在我年轻的时候，如果有人说 1928 年大街上会跑满私人小汽车，一定会遭来哄堂大笑，可现在不也变成了现实？所以说，我们为什么不能构想

出一个给衣服充电的时代呢？这样的话，我们就可以摆脱穿牛皮或熊皮的麻烦，还可以避免强盗藏在衣帽间里的危险。

▼尼尔·奥尔登·阿姆斯特朗：于1969年7月21日成为了第一个踏上月球的宇航员，也是第一个在地球以外的星体上留下脚印的人类成员

这是一个美好的愿望，希望能够早日成真！

现在我们再来说说另一项发明，它跟人们增强皮肤抵抗力的愿望息息相关，形式却完全不同。它就是房子。

如果说房子是人类为了抵御酷暑和严寒而创造的，其实并不完全正确，因为在建造房屋时，人类还掺杂进了其他因素，在诸多因素中最主要的一项就是：哺乳类动物照料幼崽的时间比非哺乳类动物要长，所以它们需要一个远离危险的场所，来保证全家在那儿能安全地待上两三个月。在那里，孩子们可以学习父母的本领，直到长大后身体变得强壮、能够独立生存为止。

最初，中空的大树和被水冲刷形成的洞穴，成为人类安家的好居所。当海水消退，河水退回狭窄的河床时，水位会比原来低三四十英尺，这样，河床上空出的洞穴也可以供人类居住。

但是这种原始的居所并不理想，因为那里面常常住满了不计其数的蝙蝠，而且常年暗无天日。更糟糕的是，如今早已灭绝的剑齿虎和巨熊也曾妄图把这些洞穴据为己有。在这些洞穴灰色的泥土遗迹中，我们发现了人类和动物混杂在一起的骨骼。由此可以想象，为了争夺住所，这里曾发生了多么惨烈的战争，但在今天，我们可能连猪都不会放到那里面去饲养。

由于洞穴环境的恶劣，人类使用洞穴的时间并不长，有些洞穴仅被当作了祭祀神灵的地方。人类期待着能取代洞穴的东西出现，用现代话来说就是建造出了房子，那么人类就可以彻底摆脱那些潮湿、阴暗的洞穴了。

在抵御寒暑的斗争中，人类发明了许多奇怪而巧妙的东西。在一些地方，人们用冰块来盖房子；而在另一些地方，人们却用树枝来搭窝棚，用草和树叶来做房顶。

人类建造的最原始的房屋是坡屋。这种房屋留存至今，成为猎人们在夜晚的临时住所，也是南美洲和澳大利亚土著人的日常住所。

后来人们开始用烘干的泥巴来造房子，并在上面盖上厚厚的稻草。之后人们又用粗糙的木材搭建房屋，继而发展成为著名的"干栏建筑"，这种结构的房屋至今还存在于世界的许多地方，在河流和湖泊众多的热带地区使用得最为广泛。

过去人们一直认为，祖先们之所以建造这种高脚屋，主要是为了安全。不过人们忽视了另一个原因——亲水而居。希望自身保持清洁、衣物干净整洁、居住环境舒适宜人，都意味着自尊、自重感的产生，也标志着文明初露萌芽。美国人执意在家里安装浴室和下水道，这常常遭到欧洲人的嘲笑，不过也许美国人是有点太过讲究了。虽说雅典

让猪满大街地充当垃圾清理工，可不妨碍它成为一个大都市；中世纪的巴黎虽然没有在环境卫生上花费多少时间和金钱，却为知识和艺术做出了杰出的贡献。不过话又说回来，在同等条件下，为拥有整洁的后院而自豪的一家人，显然要比欣欣然与粪肥同居一室的一家人生活得更为舒适吧。

对于这点，20 000 年前的人类似乎跟今天没什么不同。那些更讲究的人开始在离岸 50—100 英尺远的地方建造房屋。头上的屋顶可以

▼ 干净整洁的现代家庭浴室

遮风避雨，脚下的水域成为天然的垃圾处理场，而水中的鱼儿自然承担起清洁工的角色——这种组合堪称完美。

这可是一个重大的改进。但是为了安全起见，人们还是被迫挤在一个棚屋里。当外在危险不再紧迫的时候，人们又向前迈进了一步，进而发现了隐私的魅力和精神的需求。

保护隐私，是人类最伟大的美德之一。可不幸的是，它代价高昂，

成为只有富人才能享受到的奢侈品。可是，一旦一个家庭或是国家达到了一定的富裕程度，就会立即要求获得独处的神圣权利。这样，人们开始建造私人住所。

在富足的时期，人们不再共享一室，就像我们不愿意跟别人分享外套或牙刷一样。在古罗马，很多奴隶有时会聚集在狭小的区域，于是不可避免地出现了大杂院式的棚户区。贫苦的农民抱着减轻战乱之苦的愿望来到城市，结果却被迫住进了拥挤的黑暗土屋。虽然罗马人认为，农民们能住在这里已经不错了，可这些农民从来没有喜欢过那些坟墓般的住所，更不会在贫民窟里待上一辈子。只要一有机会，他们就会住到独门独户的房子里去。

中世纪欧洲的一些地区非常尊重个人的居所，以至于"我的房子就是我的城堡"这句俗语变成了某种政治主张，被写进了多部宪章之中。

可现在，情况发生了变化。在交通便利的煤矿产区和有利可图的港口海岸，一座座工厂如雨后春笋般出现，逼迫着人们退回到因不体面而被抛弃的穴居人的居住方式。结果在西方的大城市里，神圣的隐私权被践踏，每个公民的私人空间就跟罐头里的沙丁鱼所拥有的一样大。

所幸的是，世界正在发生着巨大的变革，各地的人们都开始公开反对人类退化为"蚁族"。大多数的家庭仍然贫穷，只买得起石制或木制五层楼里的一两个房间，还必须跟上下层的数百个邻居共用睡觉和吃饭的空间。但是，那些有条件的人却发明了一种新奇的居住方式，这让他们比自己的祖先更加优越，可以像候鸟一样迁徙。他们有两个住处，一个位于可以躲避冬季严寒的亚热带地区，另一个位于远离夏季酷暑的北方森林。要知道，在炎热的夏季，我们高楼林立的城市街道被烈日灼烧得好像地狱，离开这里到凉爽的地方去避暑无疑是最明智的选择。

也许有一天，人人都可以随着季节而迁徙。虽然现在这还无法实现，

▲ 人头攒动的纽约时代广场

但是在美国，有越来越多的人正将这一梦想变成现实。

10 000 年后，单纯从居住这方面来看，我们的后代也许会认为，生活在 20 世纪的人类与湖居者、穴居者同属一个时代。那时，纽约和芝加哥也许已经成为了废墟，这让他们更加确信，这片断壁残垣、废铜烂铁只不过是石器时代后半期的产物罢了。

找到抵御雨雪的住处还好说，可要想让住处暖和起来却不那么容易。

因此，在发明了房子之后，用来取暖的火便应运而生。生火是最原始的取暖方式，到现在仍在使用，只不过现在更多用于装饰罢了。因为无论是在用火烧烤猛犸象排的远古，还是在 1928 年的今天，这种方法都非常令人难受。古人常常会碰到前面被火烧到脚趾，后背却冻得瑟瑟发抖的情况。

早期斯堪的纳维亚部落留存下来的简陋火炉告诉我们，在那么早的远古时代，人们就已经开始寻找比烧木头更为实用的取暖方式了。

不幸的是，古代发明家中最聪明的埃及人和巴比伦人住在宜人的

气候环境里，根本不需要担心炉子的问题。倒是以理性著称的希腊人明白，高贵的思想不会出自恶劣的环境。于是他们将智慧投入到设计出更令人满意的取暖方式上来，想出了用热空气来保持温度的办法。

在基督诞生的 1000 年前，克里特①统治着整个地中海东部，它的首都克诺索斯的宫殿里已经开始使用暖气。而罗马人跟所有真正的地中海人一样怕冷，所以他们在设计住宅的时候，会在屋外建造一个炉子，为屋里的地面和墙壁加热。奴隶们会把炉子烧得很旺，以保证整座房屋里热气流的稳定。

在 3 世纪—5 世纪，来自亚洲腹地的游牧民族入侵欧洲。他们非常鄙视欧洲人对舒适和安逸的喜好，并将其斥为"柔弱"（正是这种"柔弱"，将这些侵略者挡在了罗马城外长达 600 多年）。希腊和罗马人所谓的舒适自此消失。大部分罗马房屋遭到损毁，神庙被用来饲养牛马，罗马贵族夏日别墅的石料被马车运走去修建堡垒，原来的剧院变成了小村落，参议院公馆里的供热系统就这样荒废了。

随着法律和秩序的逐步恢复，人们又搬回了自己的房子。但是1000 多年来，他们要么挤在一起瑟瑟发抖，要么在火盆里装满木炭取暖。可是用这种方法简直越烤越冷，人们只得戴上帽子，裹上外套上床睡觉。

直到 15 世纪—16 世纪，情况依然没有好转。"太阳王"路易十四②的伟大事迹读起来让人愉悦，却没什么好羡慕的。因为这个在那个时代最为富有、最有权势的人，却不得不生活在一个无法取暖的宫殿里。煮熟的水果在他的餐桌上冻成了一块冰，当他的大臣想洗澡的时候，不得不用碎冰锥将水罐里的冰捣碎。

最终，人们又回到了用明火取暖的办法。虽说这在冰川期的时候

①克里特：位于地中海北部，是希腊第一大岛，诸多希腊神话的发源地，希腊文化、西方文明的摇篮。

②路易十四：1638 年 - 1715 年，自号"太阳王"，法国波旁王朝著名国王。

就已经老掉牙了，可这次却是对炭盆的一种改良——它的上面多了一个烟囱，这种特殊的通道可以将炉子里的烟疏通到屋外。

一开始，烟囱不过就是墙上的一个窟窿。直到 16 世纪初，经过了300 年的不断失败和反复尝试之后，才终于出现了跟我们今天使用的极为相似的烟囱，它能够带来足够的气流以维持火势。

即便如此，这种取暖的方法远远不够。接下来的十代人，不论是贫民还是贵族，都要在自己的房间里忍受伤寒和咳嗽的侵扰。而在今天，只要几小块暖气片就可以解决问题了。

在 19 世纪的最后 25 年，人们最终又回到了罗马人的做法，再次学着使用蒸汽和热气来给屋子保暖。

我无法预测用锅炉来为房屋保暖的方法还能持续多久，不过也许不会太长时间了。

用电来取暖的新技术比目前的供暖系统要更简单，因为供暖系统

▼壁炉：独立或者就墙壁砌成的室内取暖设备，以可燃物为能源，内部上通烟囱。起源于西方家庭或宫殿取暖设施（吕蕾／摄影）

需要在地下室安装复杂的热气设备，还需要一群锅炉工和卡车司机。

唯一的阻碍就是成本问题。一旦我们发现了高效能、低成本的发电方式，那么就用不着煤工和锅炉工了，也可以告别呼呼作响的热油器、味道难闻的油炉，以及危险的气炉了。我们只消按一下开关，就可以让房屋、教堂和公共建筑四季如春。

在结束本章之前，我还要说一说与取暖相关的另一种发明——取火的神圣艺术。

在远古，闪电击中树木而起火，无疑是人类获得第一个火种的来源。但是森林火种不会燃烧不尽，而且在人们最需要火来取暖的冬季，基本不会发生闪电击中树木的现象。

这时，一个天才应运而生。让我们向他致以最无上的敬意吧！也许他的身份是一位祭司，整个部落赖以生存的圣火都由他保管。不管怎么说吧，他发现了摩擦可以产生热量。这一定发生在十分久远的年代，因为自人类登上历史舞台开始，就已经知道钻木取火了。

在稍后的石器时代，人们发现猛烈撞击两块石头也可以碰出火花。产生的火花足以点燃一小把干苔藓，从而生起一小堆火来。

就是这个由一块火石和一片金属组成的简陋工具，被人们使用了很长时间。它被广泛用于各个领域，还给我们带来了燧发枪和火柴。

在火柴被发明之前，祖先们用来点烟斗的打火匣很复杂，匆忙之间想要将火点燃可是一件麻烦事，所以就非常有必要发明一种更为实用的点火装置。一时之间，新大陆和旧大陆的每一个城镇里，人们都忙着寻找能取代打火匣的化学物质。

17 世纪后半叶，最早的火柴终于问世了。它们由小片磷组成，用石头敲击这些磷片，可以点燃浸泡过硫黄的木片，然后就可以用来点炉子了。但是它们味道难闻，而且相当危险，所以这项发明并没有得到普及。

1927 年，一位名叫约翰·沃克的英国药剂师，发明了不用担心将房

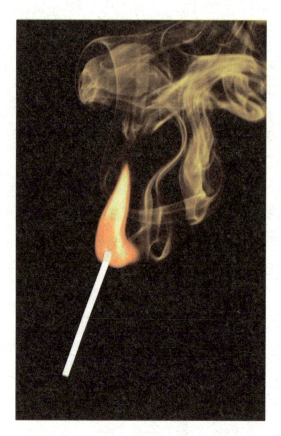

▲ 火柴：根据物体摩擦生热的原理，利用强氧化剂和还原剂的化学活性，制造出的一种能摩擦生火的取火工具

子点着的"摩擦火柴"。他把火柴命名为"康格里夫"，以纪念威廉·康格里夫爵士（在拿破仑战争期间，他被誉为"战争火箭之父"，此外，他还是发明焰火的先驱）。

20 年后，一位来自瑞典南部城市延雪平的名叫伦德斯托姆的人，将摩擦火柴的尺寸缩小为可以直接装进口袋。这种"口袋火柴"，就是如今我们所熟知的红脑袋小黄木棍了。

当然了，保守派们极力抵制这项革新，认为火柴有利于窃贼在夜间活动，但最终火柴还是取得了胜利，并将这一殊荣保持到了第一次世界大战。随后，史前的火绒和燧石以一种更为简便的组合形式卷土重来，继续为吸烟人士们服务。

进步之轮就这样神奇地转了一圈。

这也算是对被我们遗忘已久的祖先的含蓄赞颂吧。

—— 第三章 ——
驯化之手
XunHua Zhi Shou

　　就像其他四足动物一样，人的手实际上就是普普通通的前爪。可是经过进化，人类发展出了可与四指相对的大拇指，这样就可以完成抓握等动作，而其他动物只能借助前爪、嘴巴和牙齿来完成。

　　如果你还不明白我的意思，那么下次当猫和狗啃骨头的时候，你可以多加留意。它们会用嘴巴和鼻子将骨头连拱带叼地弄到花园的一角去，在这个过程中，它们似乎意识到前爪能够帮上忙，可是试来试去终究是白费工夫。

　　唉！全都是因为它们没有大拇指。

▼正在啃骨头的小狗

当猫和狗在撕咬骨头的时候，它们会用前爪按住骨头；它们还会用前爪挖洞，把自己的宝贝埋进去。但是它们能做的，也只有这几个笨拙的动作而已。虽然它们也有"大拇指"，却不能从另外四个指头中独立出来，这样它们就抓不住任何东西，只能为满足本能食欲的需要而完成那几个笨拙的动作。

因此，手就成为人类拥有的最重要的自然工具。利用这个先天优势，人类的力量得到几百万倍的提升和拓展，从而成为地球上当之无愧的主人。

说到这，我们又碰到了一个全书都无法避免的难题：人类到底如何、何时、为何意识到前爪的潜力的？为什么他们那些聪明的猿类表亲却没有学会这项技能呢？

就拿用石块来增强打击能力来说，你也许会说："这太简单了，简直用不着思考。"可是，世界上从来就没有简单到显而易见的事情。一定是有人第一个想到并付诸实践，也许他会因此折腾得鼻青脸肿、精疲力竭，甚至还会被别人的嘲笑压垮。

千万年以来，人类一直徒手狩猎、徒手抓取、徒手撕碎鸟兽，却从没考虑过借助其他工具。

终于有一天，一个人鼓起勇气说："这样做更好，更简单。"于是，他操起一根木棒或是一块石头，以此来增强手的打击力度。第一把锤子就此诞生了。

我们能够掌握的信息仅此而已。至于第一把锤子是用木头做的还是用花岗岩做的，我们就无从得知了，估计永远也无法知道。木头会腐烂，而石头则会永存，除非用 20 吨重的卡车或威力无比的炸药才能将其粉碎。

于是，石头成了人类先驱者们的耐心和智慧的唯一见证，而木头则带着它的故事腐烂掉了。

普通人参观史前历史博物馆不会感到多么震撼，因为在他们眼中，

博物馆里陈列的史前石器，简直跟小孩子从路边捡回来的鹅卵石没什么区别。

可是对专家来说，这些早期的锤子、斧头和锯子，却跟陈列着最早的单缸小汽车和最新款劳斯莱斯的车展一样重要，一样引人入胜。因为这些石器工具里凝结了大量先人的智慧结晶，就像科学家们为内燃机的发展所付出的艰辛一样。

自从人类发现石头可以使手的力量成倍增强之后，任何能用五指紧紧抓住的石头都可以成为工具。当然了，太小的石头也不行，那样就砸不开坚果或是骨头，无法获取坚果仁或是骨头里盛满的那些古老美味——骨髓。

人们慢慢发现，把石锤的边缘削平磨光之后，锤子就变成一种既能凿砸又能切割的工具。于是他们又开始寻找适合用来削割又不会碎掉的石头。后来他们又发现，把石锤的一侧放在另一块石头上摩擦，可以将边缘磨得锋利，制作成刀具。

▼石器工具：人类最初的主要生产工具，盛行于人类历史的初期阶段

几百年之后，人们发现死亡动物的干皮可以用来捆绑东西，便用这种兽皮将石刀捆在木柄上，这就成了战斧。与原来的手持石锤相比，这种工具无疑更有威力，是更具攻击力的战争武器。

至于那些边缘比较锋利的小石头，成了现代刀具和锯子的直系祖先。锯子的构思实在精妙，它大大增强了手的切割能力。锯子由长方形演化为圆盘形，最终变成了圆锯。用它来切割木头，就像切割黄油一样容易；切起钢铁来，就像切纸巾一样不费吹灰之力。可以说，要是没有锯子的发明，想实现现代工业的迅猛发展，恐怕只能是天方夜谭。

石刀的另一个后代是剪刀，它的出现要更晚一些，因为它虽然看起来纤巧简单，实际上却是一种特别复杂的工具。

可惜的是，虽说埃及制作木乃伊的工匠拥有精巧的工具箱，里面却没有一把类似于剪刀的东西。后来，还是希腊人和罗马人为了修剪花园的需要才发明了剪刀，之后人们还发现，用它来剪羊毛是那么顺手。而在发明剪刀之前，羊毛一直是从这种可怜的动物身上拔下来的。这种剪刀正是我们现代剪刀的前身。它由两个刀片组成，刀片上的小眼形成一个轴心，可以自由活动。下次你剪纸的时候，可以留心观察一下。

到目前为止，一切都发展得非常理想。但是人类在强化自身器官力量的进程中，也并非都是一帆风顺。

主宰宇宙的神灵赋予我们明辨善恶的能力，但神灵们决定让我们自己做出选择，因此又给予我们一种恼人的精神品质，我们对神学更感兴趣的祖先们称其为"自由意志"。正是这种可怕的自由意志，使得发明既可以被用于良善，也可以被用于丑恶。人类是奇怪的矛盾混合体，因此他们既能用大脑来发明危险的炸弹，也可以创作出优美的诗篇。

刀子的发明源于最原始的生存需要——与凶狠的敌人对抗并存活下来，后来却发展为不必要的暴力工具。它衍生出剑、马刀、刺刀、矛、箭头、弯刀、匕首、双刃砍刀、半月刀等各种形式的武器，在全世界

一路厮杀，只为将别人的东西据为己有，或者与同自己意见相左的人拼个高下。

这可真让人遗憾。但是别忘了，人类发明的东西是没有灵魂的，就好像乘法表上的乘号一样。这些小叉叉们才不在乎自己乘的是多少，它们可以用 1000 乘 1000，也可以用 10 000 乘 10 000。它们漠不关心地将塞给它们的数字乘起来，哪管结果是好是坏呢！

人们总是将进步之途看作从坏到好、从低到高、从贫到富的过程，似乎这是顺理成章的事情。我也希望如此，可它实际上却是充满峭壁、崎岖难行的，有时难免拐进奇怪的弯路。而开辟出这条古老道路的"强化之手"，既带来了医生用来救死扶伤的手术剪，也带来了能以既快速又省钱的方式结束同胞性命的断头台。

本章听起来开始像喋喋不休的说教了，对此我非常抱歉，但是牢记现在的种种状况并没什么坏处。现代机械的蓬勃发展，让人们产生了一种危险的轻松感，似乎对未来可以高枕无忧了。好像如果诸事顺利的话，人类的前途必定一片光明。可是请不要忽略一个事实，那就是：一个国家如果在学校上花 1 美元，就会在战舰上花 100 美元。好了，我已经在你的心头种下了一颗怀疑和担忧的种子，现在让我们继续讲讲跟手有关的另一个发明——锄头。

锄头的发明者很可能是女人。在农业社会的最早记载中，男人从来不会屈尊降贵到地里干活，而是把农活扔给妻子、女儿和驴子。我确信，在一个天气晴朗的日子里，一个破衣烂衫的可怜女子终于忍受不住刨土时将指甲弄掉的痛苦，于是随手拿起一根木棍或是一块石头来减轻双手的负担。

在人们逐渐掌握了青铜、铁、铜和钢的用途之后，便理所当然地用它们来加固易碎的木棍顶端。这些金属逐渐变得越来越宽、越来越平，最后就形成了锄头的雏形。

说到农耕劳作，也许只有那些亲眼见过埃及、俄国或北非农民套

犁情景的人，才能真正理解早期的劳动者们有多艰苦。陈列在博物馆里的阿拉伯犁很有趣，它们看起来就是稍微改进一些的锄头。但看看现代的蒸汽犁吧，它能同时代替 1000 只手工作，恐怕只有这种场景才能给"现代人的眼睛"带来愉悦吧。

▲ 镶嵌画：真实反映了古代农耕劳作的场景

也许，与其说"现代人的眼睛"，不如说"人类的眼睛"更为准确，因为更聪明、更具"人性"的人总把不必要的劳动当成烦恼。从古至今，发明一直以减轻劳动者的重担为目的，可是千百年来的压迫却令劳动者们变得怯懦，以至于像笼中之鸟一样，试图抵制那些给予他们自由的人。结果，那些能让人摆脱没完没了、愚蠢乏味的劳动的发明，只成为天才科学家案头的草图，被人们久久地遗忘了。

就拿意大利芬奇村里聪明过人的伟人达·芬奇来说吧，他的脑袋里总是塞满了各种奇思妙想。他曾设计了一种"多功能手臂"，目

的是帮助人们在波河谷挖掘运河。很显然，这一发明虽然能让千百万人受益，也会让许多人丢了工作，但那些受益者对此也不明就里。因此这个发明从未付诸实施。如果达·芬奇在低地国家推行这项发明的话，也许会获得成功，因为那里的商人们一直渴望着能在水下作业，并开始了挖掘机的试验。可惜的是，达·芬奇所在的意大利根本不需要为疏浚水利一事费心。

▼达·芬奇自画像

古时的船只吃水很浅，几乎可以在任何一处水域停泊。但是中世纪后半叶，尤其是在北海沿岸，河流和潮汐严重毁坏了港口，因此必须想办法把这些泥沙挖出来。荷兰和英国的工程师改进了意大利同行的陆地挖掘机，给漂浮在水面上的平底船装上了"锄头"，这样就可以进行水下挖掘工作了。今天，如果这些在港口服役的"铁手指"（它们有时深达18米）罢工一周，那么90%的国际贸易都会陷于停滞。

但是，挖泥船只能进行一种水下作业，可国际贸易的发展如火如荼，

▲挖泥船：负责清挖水道与河川淤泥，以便其他船舶顺利通过

有必要把整个木匠铺和铁匠铺搬到河床上去。但木匠铺和铁匠铺的运营离不开木匠和铁匠，他们必须得呼吸新鲜空气才能生存和工作。

当然，水性好的人可以在水里待上 60—80 秒，捞几只牡蛎上来不在话下。但是如果需要修补船只，或是打捞暴风雨中掉落在水中的金子，这种短时间的潜水就完全不够用了。在水下工作，需要肺部为手和其他器官提供支持，因此我们必须给肺提供一个工具，以保证其获得源源不断的新鲜空气。

最初，人们尝试用一根铜管将潜水者的嘴连到水面上，可这种方法只在浅水区适用。后来铜管逐渐被皮管代替，皮管的一头利用猪膀胱漂浮在水上。2000 多年来，这种皮管一直是潜水的唯一用具。直到 17 世纪末，一个意大利人想出了一个绝妙的主意。他利用两个风箱，把空气压入皮管中，初次试验便取得了成功。从此"水下手"和潜水工具稳步改进。到了今天，我们已经能在 55 米深的水下修船和捕捞了。这个深度令人惊叹，相信那些曾经想尽办法从池底捞一块石子上来的人对此一定深有体会。

▲深海潜水：现今不仅成为一项新兴的旅游项目，也对开发海洋有所帮助（丘晨／摄影）

我讲的内容有点儿超出时间表了，我还是先讲讲其他原始工具吧。这些工具都是在几万年前就被发明出来的，并对人类历史的发展产生了重大影响。

就拿杠杆来说，杠杆是一种简单又古老的发明，人们常常用"像山一样古老"来形容它。但是在改变环境方面，我们发明的其他工具都不能与它相提并论。它确实不复杂，可如果少了它，无论是金字塔、石牌坊，还是用巨石或花岗岩建造的史前庙宇和坟墓，都无法建成，因为杠杆可以将手和胳膊的力量无限翻倍。经过改良的现代杠杆，能够轻易举起火车头或房屋等任何重物，而且以几美元的成本能够完成一千只手的工作。

还有一个与杠杆密切相关的发现：一个人能拖动的重量比他能提动的重量要多得多，为此只需延长手臂就能将力量翻倍。这样，另一项发明产生了，即我们今天说的"绳子"。

我不清楚第一根绳子是麻还是皮做的，不过棉麻进入尼罗河谷地和美索不达米亚地区的时间较晚，所以皮绳的出现要更早些。但即便有纤维搓成的绳子提供帮助，对于几百个拉绳子的奴隶来说，将重物吊到脚手架上还是相当吃力的。不过，在巴比伦人的绘画中我们可以看到，经过多年的试验，他们终于发明了滑轮装置。过去100个人的

▲阿基米德："给我一个支点，我就能撬起整个地球！"——这话便是说杠杆原理

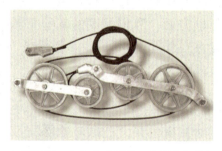

▲滑轮组：由多个动滑轮、定滑轮组装而成的一种简单机械，既可以省力也可以改变用力方向

活，现在只需一两个人就可以完成。自此，吊重物的辛苦就大大减轻了。

希腊人的大部分建筑工作看起来都借助了杠杆、绳子、斜坡这些简单的工具才得以完成。古代世界堪称建筑大师的罗马人热衷于修建道路、堡垒、桥梁、港口和引水渠，他们改进的滑轮也初具现代滑轮的形态。他们还将制作这些滑轮的最佳方法详细记录下来，为中世纪留下了一笔宝贵的财富。如果没有这些形形色色的滑轮，15世纪的大型航船就无法航行，而没有了这些航船，欧洲国家就只能被困在那片狭小的陆地上。

现在，让我们再来说说手的另一项本领吧。要知道，在现代社会，这项本领的拓展形式仍在发挥着巨大的作用。

人的手除了能抓握、提举、拖拉和捶打之外还能做许多事情，比如手还能够作为容器使用。如果你曾在孩童时代从小溪里捧水喝的话，就能明白这点。将两个手掌合起来，就可以像容器一样放进许多坚果和浆果。当然，这种姿势只能维持很短的时间，用不了多久双手就会疲乏不堪，最终回到身体的两侧。

五万年前的人们跟我们一样了解这点，他们一直在寻找可以用来长时间盛放谷物，甚至是水的容器。随后他们发现，死去的敌人的上

半部分颅骨跟双手合在一起的形状很像，而且当时这种头骨随处可见，因为埋葬死者的习俗起源较晚。再加上穴居的原始人并不介意用恐怖的头骨当作盛菜碟子，所以用人的头盖骨做容器盛行一时，以至于进入了北方人的宗教。他们的神灵用敌人的头骨当杯子，信徒们也得到承诺：如果他们战死沙场，也会享受同一殊荣。

我想，直接把话题从头盖骨跳到谷仓没什么问题，因为二者都是代替手来盛放东西的容器。但是在建造仓库、水箱和贮藏室之前，用手作容器的发展之旅中还有许多非常有趣的中间过程。

如果我没弄错的话，第一个取代头骨（看完本书你会说成取代手）的人造工具是篮子。编篮子的技术是人类最古老的工艺之一，石器时代的人们喜欢住在河流和湖泊附近，那里生长着茂盛的柳树和随处可见的灯芯草。在原始社会，篮子获得了崇高的荣誉，以至于树枝和芦苇缠绕在一起的图案一直流传到中世纪，成为大教堂石柱上很常见的装饰。

但是由于木制品容易腐烂，我们无法找到证明史前编篮大师技艺

▼编织工艺：用树枝、芦苇、竹条等编织成生活用具和工艺品的一种手工艺。它不仅具有很大的实用价值，更具深厚的历史底蕴

的直接证据。但从间接证据看来，他似乎是当时社会里比较重要的角色。当编篮大师们掌握了在篮子外面糊上一层皮革或黏土的技能之后，人们对他们就更尊敬了，因为这个发明造福了大众。

还有一些类似的发明，比如船，它的骨架像篮子，外面裹着兽皮；再如轻便的盾牌，在士兵到处游荡的时代，这种盾牌极其流行。

以柳条为框架、以黏土覆盖外层的房子，用的就是这种涂盖黏土的工艺。几年前，建筑师们开始用钢筋搭架、混凝土填充的方法盖房子，这代表了此项工艺的复兴。容器制造工造出的改良碗是编篮子技术最有意思的延伸，同时也是人类文明发展史上最有用的发明。这种碗的外壳是用柳条编织的，内侧覆盖了一层厚厚的不会渗漏的黏土。

这个新发明并不完美。很长时间以来，黏土都是又软又滑，脏兮兮的。尽管如此，它仍旧比市场上的同类物品好得多，因此卖得很好。

接下来就是将篮子变成陶罐了。这也许纯属偶然，但是在人类的发明史上，偶然事件往往扮演着非常重要的角色，完全值得在技术殿堂里记上荣誉非凡的一笔。也许因为人们在无意中将篮子掉进了火中，也许因为洞穴着了火，又或许是强盗们放火烧了整个村子……总之，当火熄灭之后，人们在废墟中发现了这些改良碗。虽说由树枝和灯芯草编织起来的支撑层被烧没了，可里面的黏土不仅完好无损，反而变成了一种像石头一样坚硬的物质。

制陶业就由此开始了。

就这样，除了装一些诸如橄

▼古希腊陶瓶：以精美的瓶画著称。希腊瓶画多反映战争、狩猎、娱乐、体育等

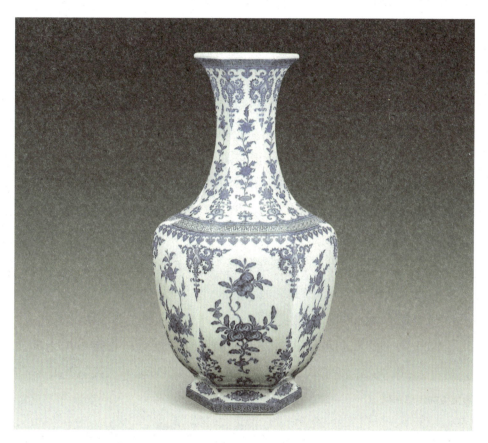

▲ 瓷器：中国是瓷器的故乡，瓷器是汉族劳动人民的一个重要的创造

榄、瓜果、土豆、谷物之类的固体物品，篮子基本上被人们淘汰了。取而代之的就是这些经烘烤之后的黏土，它们的形状跟人们拢起的双手一样。

　　最开始，制陶用的黏土取自河床，人们用手指将黏土捏成中空的形状。这种方法又慢又差，但也没有什么更好的办法，直到埃及人发明了陶轮。起初，陶工左手转轮，右手制作。后来，陶轮的位置逐渐降低，直到变成低到地面的转盘，用脚就可以操作。烧制陶器的工艺也随之得到极大的提高。

　　最先使用窑来烧制陶器的无疑是中国人。窑是一种四面密封的炉

子，里面的炭火可以使陶器均匀受热。这种方法很快便由巴比伦（4000年前，这里是连接亚欧的桥梁）传遍了西方，希腊人和罗马人由此成为制陶专家，并创造了制陶领域的奇迹。他们引进了一种完美的上釉工艺，使得花瓶甚至是普通家用的锅碗瓢盆都闪耀出滑润莹亮的光泽。这种技术是从埃及人那里学来的，而埃及人的老师是腓尼基人①。

说到这，我才有机会提一提腓尼基人。他们是古代世界的中介方，也是地中海一带的公共运输商。他们不制造什么东西，只靠倒卖各种货物为生。他们对文学艺术不感兴趣，也没对古代技术进步做出过什么贡献。虽然他们唯利是图，借助奴隶贸易大发横财，还因为不留情面地讨价还价而遭人憎恶，但奇怪的是，正是这些坦率的物质至上论者，给我们留下了两个有记载的重要发明。

一个是玻璃，用来存放液体；另一个是字母表，用来储存思想。

谁是第一个发明玻璃的人，至今仍旧众说纷纭。根据希腊人和罗

▼精美的玻璃制品

①腓尼基人：历史上一个古老的民族，自称为"闪美特人"，又称"闪族人"。他们生活在地中海东岸，相当于今天的黎巴嫩和叙利亚沿海一带，曾经建立过一个高度文明的古代国家。

马人的说法，一个腓尼基商人在穿越叙利亚沙漠的时候，偶然间把锅架到了几块天然碳酸钠上。第二天早上他惊讶地发现，沙子和碳酸钠竟然融为一体，变成一种透明的物质，简直可与水珠和珍珠媲美。

腓尼基和埃及是近邻，乘坐现代火车只需不到 10 小时就能往来两国。很快，孟菲斯和底比斯的商人就开始出售用这种物质做成的项链。在将这种新材料投入生产一段时间之后，他们发现，用中火加热可以将它变成任意形状。从几幅古老的埃及图画中可以看出，当时埃及人已经学会使用吹火筒，还会制造瓶子，只不过模糊的画面让人不敢肯定图中人究竟是玻璃工还是其他种类的工匠。

人类的双手在力量不断增强的同时，也变得愈发脆弱。

刚才我说过，虽说偶然事件在发明史上扮演着重要的角色，可唯利是图也做出了一定的"贡献"，因为它刺激人们创造出了更多的实用工具。

一开始，普通陶器在罗马上层家庭中算得上不错的物品。可是当不列颠和莱茵河谷地的窑厂开始向罗马市场倾销海量的廉价陶器的时候，贵族们就不愿让自家餐桌上摆放的杯盘跟平民家中的一样了。因此，他们开始高价购买稀有的玻璃瓶、玻璃罐和玻璃杯。不论何时，只要某些社会成员肯花重金购置奢侈品，就会有一批能工巧匠来满足他们的需求。

罗马人不擅长绘画，在写作和雕塑方面也是平平，但是他们很懂得生活。比如，正是他们最早意识到，吃饭是件严肃的事情，而不是去想方设法地抢夺最肥的羊肉和最油腻的骨髓。虽说罗马人没有成功发明出诸如叉子之类能够有效替代双手的工具（叉子被发明出来还是较晚的事情），但是他们教会了人们如何把餐桌布置得优雅得体，把糟糕的进食过程变为愉快的享受过程。

人造器皿的发明，令很多以前单凭双手无法做到的事情变得易如反掌。

人类发明的贡献是如此巨大，以至彻底改变了人类的生活。比如，仅凭借杠杆、水桶和绳子等简易工具，就可以灌溉高出河面、湖面的大片土地，让这些土地变得更加肥沃，养活比从前多得多的人口。在短短几百年内，许多国家的人口数量因此翻了两三倍。

另外，具有传送功能的手也为人类的幸福做出了重大贡献。我指的是引水渠和水利工程。古人不擅长医学，那时的医生掌握的生理学知识甚至还没有现在的小学生多。但他们知道，人口密集的地方必定需要饮用清洁的水。

其实只要不做过多的人为干预，且能保证足够的日照，溪水和河流就可以自我净化，杀死各种细菌。可是随着城镇不断扩张，贫民窟里塞满了穷人，附近的河流很快变成了肥沃的污水坑，里面布满了无数微生物。为了得到清洁的水，人们当然可以用手、杯子或水桶把附近山上的水运出来，可是这么做太慢了。于是，手作为容器的这一功能又逐渐发展出了引水的功能。

只要看过古代的供水系统，见过遍布喷泉和井口的古城遗迹，你就会意识到，那些首先想到用这种方法为数百万人供水的工程师们，真正做到了造福人类。

现在让我们告别作为容器的手，来讲讲能抓握的手。

▼古罗马的高架引水渠

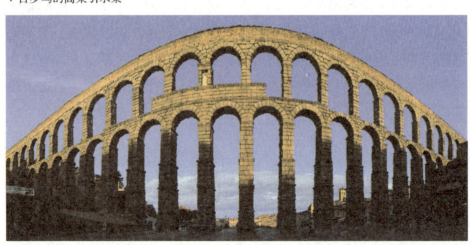

　　提到能抓握的手，我首先要说的就是"锁"。人类一旦为自己建造了房屋，就会在里面放满各种物品。这些东西要么让他感到幸福，要么能让他在人前炫耀，从而沾沾自喜。

　　为了保护这些私有财产，避免他人觊觎，他必须想办法关紧自己领地的大门，在自己可以自由出入的同时，又防止他人擅自闯入。这听起来容易，做起来却很难。一个普通的门闩足够把别人关在外面，可问题是，插上门闩的人却被关在了屋子里。于是有人设计了一个机关，只需一根匹配的铁针，就可以从外面将门闩打开。这种门闩和铁针相结合的方式，最终发展为锁。虽说现代门锁要好用得多，可是与公元前 13 世纪埃及绘画中描绘的门闩相比，其基本原理并没有什么大的变化。

　　所有类似门锁的这些扣件，不管名字是什么，都是人手的替代品。甚至那些风景如画的中世纪城堡（那时，它们把守着两国之间的山口），还有那些抵御敌人入侵的堡垒要塞，也都不过是上了门闩的大门罢了。

▼古代门锁：民间常见的日用器物。古锁种类繁多，有银锁、木锁、铜锁等

用本书的话来说，它们是强化了 N 倍力量的升级人手，就像门闩的作用一样，可以花费较小的力量创造惊人的壮举。

　　接着这点，让我们再来说说一个特别需要注意的问题。

在前面我曾说过，手没有灵魂、良知，也没有情感。它既可以造福于人，也可以带来战争。一种生物想存活，就必须以牺牲另一种生物为代价（小到雏菊，大到牛，一切生物皆是如此），这是世界既定的自然法则，因此我们不应该责备那些为了获得更稳定的住处、更充裕的食物，而尽最大可能发展人手力量的人。

在增强人手力量的进程中，人类首先用石头取代了手，然后将石头磨尖，接着将石头变成了斧子、刀具和鱼叉。

在远古时期，为了填饱肚皮，人类不得不整日在生存线上挣扎，在寒冷而漫长的冬季里尤其如此。借助鱼叉的帮助，人们终于能获得更多的食物，可这似乎仍旧不能果腹。饥饿让他们想到，如果把手变成一把大勺子，就可以一次性打捞起很多鱼上来，这比用鱼叉一条一条地戳要好多了。于是，渔网被发明出来。它像巨大的挖掘机一样深入水中，一下子就能捞起上千条鱼。

说到这儿我得承认，渔船可不是什么令人愉快的东西。可那又能怎么办呢？人们无法离开它们。如果人类必须活下去，那么鱼儿就必

▼撒网：又名抢网，是在浅水地区常见的一种打鱼方式（郭冀华/摄影）

须死掉。令人遗憾的是，它们只能缓慢地窒息而死，但幸好它们从来都不会抱怨，因为大自然没有赐予它们可以发音的声带。而且人类早已对他人的窒息而死司空见惯，他们发现这是处死敌人、处理战俘的最简便的方法。

我们无从得知是谁改进了人手的杀伤力，使它变成现代绞刑架。埃及人性情温顺，爱好和平，所以不会变得阴险狡诈；他们衣食无忧，所以不会嫉妒他人。因此，他们并不知道有这样一种惩罚的方式。虽说希腊人骁勇善战，却不是什么刽子手，他们极富艺术感觉，比起绞杀同类，他们更愿意让罪犯待在一间舒适的屋子里一边跟朋友聊天，一边喝下特制的毒酒，从容而体面地走向死亡。但是，特别崇尚"制度"

▼绘画：展现了古代欧洲社会发明绞刑架的场景

的罗马人，发现绞刑是除去社会不法分子的有效手段。中世纪出现了大量的酷刑器具，比较起来，绞刑已经算专门为值得优待的人而保留的温和刑罚了。既然已经谈到残忍的话题，那么在结束这一部分的论述之前，我们还是快点讲讲暴力之手吧，越早讲完这个话题，我们就越能多保留一点人类的尊严。

现在你应该明白了，战斧不过就是一个经过改良的拳头罢了。当战斧被抛出（古代很流行的一种战斗方式）的时候，就相当于远远挥出的拳头。但是只靠臂力将战斧、矛或石块扔出的距离毕竟非常有限，那么就需要想出一种方法，将这些致命的武器，也就是带着利刃的手，投掷到更远的地方去。利用这种方法，可以保护投掷者免受敌人刀剑的近距离伤害。所以，在数万年的时间里，几十万人把全部时间都用在这上面，最终发明出了弹弓和弓箭。

弹弓很快就被淘汰，而更为精准的弓箭得以留存，并在形状、尺寸和杀伤力上得到了很大的发展。中世纪末，达·芬奇设计了一种固定弓箭，它的威力几乎等同于一门小型加农炮，可以让一根重木棍轻而易举地射穿市面上售出的所有盔甲。

但是在战争领域，人类显示出了极为狡猾的本性。每种新型进攻方法的发明，必定会随之出现相应的防御方法，使得前者的努力付之东流。第一支石矛出现后，立刻有人设计出盾牌抵挡，于是造矛者便忙着将矛磨得更锋利，以便刺穿用柳条编织的盾牌。然后，造盾者又连忙把盾牌的外面包上牛皮，导致造矛者不得不再次忙碌起来。就这样周而复始、循环往复，直到今天，我们拥有了大型武器制造商。

但在14世纪，磨矛者似乎一度战胜了造盾者，因为人们发现了一种由硝石、硫黄和碳等几种成分组成的化合物。这几种过去只用来点火的邪恶元素，经过混合之后就产生了破坏性极强的爆炸力。如果把这种化合物跟一根铜管连接起来，就能把巨石抛出几百英尺远。对十字军来说，这项发明来得太晚了，否则他们也许就能攻下巴勒斯坦。

不过从 14 世纪中叶起，每场战役中都少不了这种新型火器的身影，它就是火炮。

"火炮"（Gonne-powder）这个奇怪的词来历不明。有人认为它是"Gunnilde"的缩写，意思是"能向敌人发射石弹的中空铜管"。这很有可能，因为早期的"怪物"们都是以当时著名女性的名字来命名的。比如，克虏伯夫人的工厂生产出的 42 厘米的武器，就被亲切地

▼绘画：展现了古代欧洲士兵骑射战斗的场面

称为"狄克·伯莎"。

不管它的名字是什么，这种大嗓门的"吹矢筒"很快就成为军火市场上最具威力的远程拳头。在战场上，它让移动迅捷、发射快速的步兵占据了有利地位，而在此之前，步兵一直受制于装甲骑兵。于是，贵族骑兵们立刻通过严厉的法律，宣布火药的发明"违背人类文明战争的所有原则"，还威胁说，操纵投石机和点火装置的人都跟臭名远扬的海盗和人类公敌一样，应该被判处绞刑。但是这项措施并没给贵族们带来什么好处，因为对那些长期被压迫与奴役的市民和农民来说，"大炮"简直帮了他们的大忙。于是，这个看起来笨拙的大家伙被保留下来，给封建社会的城墙和皇家堡垒造成了巨大而持久的伤害。它甚至还被装上了两个轮子，并得到不断改进和精心照料，从而变成了一只会移动的威力大手。

从精神角度来看，这种安排也许并不理想；但是从实用角度来看，

▼古代火炮：一种口径和重量都较大的金属管形射击火器，可发射石弹、铅弹、铁弹和爆炸弹等（FOTOE/ 提供）

大炮的价值却不容小觑。因为随着城市的快速发展，市民们有时甚至比他们尊贵的主人更富有。正当主人们在世袭的漏雨城堡里无所事事的时候，小市民们已经开始夺取贵族们的社会领导地位，将自己变成

新兴的权贵了。至于他们如何利用传奇人物伯纳德·施瓦茨（首先发明了具有实用价值的大炮的德国人）的发明，相信大家对此已经非常熟悉，我就不再重复了。

我不会花太多时间来讲更复杂的致命杀手——军队，因为史书里写满了精于此道的绅士们在此方面的"丰功伟绩"。凭着花招诡计，这些人将数百万同类玩弄于股掌之中。比起敌人，他们更善于践踏人类神圣的生命，却收获了最高的声誉，赢得了最多的雕像。

我已经为大家描述过人手作为砸东西的工具的功能。可以肯定，石锤的发明者喜欢吃坚果、龙虾和牡蛎。但逐渐地，人类变得更为温和驯顺，开始厌倦食谱中单一的动物尸体，想要在无规律的饮食（史前人类要么吃得太饱，要么忍饥挨饿，很少有人能寿终正寝，我们发现的骸骨可以证明这点）中加点谷物。一些部落也厌烦了流浪挨饿的生活，开始在山上舒适宜人的牧场上安顿下来，过起了悠闲自在的日子。在这群野蛮人中，总有一些比较聪明的女性会发现新品种的谷物。她们用尖木棍在土地上辛勤劳作，把这些谷物种植在肥沃的小块土地上。这一过程需要几万年的时间，随之而来的是对碾碎食物的工具的迫切需要，它们要比手和锤子更实用才行。

用发明的术语来说，这就意味着人的双手渐渐变成了臼和杵。后来，为了一点点的面粉和橄榄油，人们都要不停地捣上半天。这简直太让人厌烦了，于是磨就不可避免地代替了臼。起初，石磨是靠人力来推动的。两个人，有时是一匹马或一头骡子，推着这个笨重的大家伙一圈一圈地走，既吃力乏味又收效甚微。后来，罗马人利用动力传递的方法，借助小溪和河流的力量来完成这项工作。

水轮在绵延起伏的山区真正派上了大用场，在地势平坦的国家却无用武之地，但后者却拥有另一种丰富的动力资源——风能。就这样，一种小木房子很快遍布北欧各地，它的地下室里安装着两个磨石，而它的四只"手"高高地伸向天空，仿佛在请求上天减轻人类劳动的重担。

▲ 石磨：用于把米、麦、豆等粮食加工成粉、浆的一种工具

早在 12 世纪，磨坊就在低地国家得到了普及。那个时候，风车这种人造手被放在木筏上，整个机器可以随着风向的改变而任意转动。后来，磨坊的顶部被改造成可以移动的形式，于是风车的翅膀就开始做上百种工作，比如锯木头、造纸、加工鼻烟和香料、代替缓慢的老式灌溉机械、加工大米等等，而这些工作之前都是由人手来完成的。

这些工业化进程都取决于持续稳定的风能，可那些远离海边的国家的风车就不那么稳定了。如果再缺少水力的推动，人们就必须依靠人或马的力量。人力效率低下，而马力虽然效率稍高，但成本也高（因为购买马匹需要很大的花销，而雇用妇女和儿童干活一天只需几文钱即可）。因此，发明一种价格合理、不受自然环境制约的新型动力，就变得势在必行。

人们似乎很早就知道从土里挖出来的一种黑色物质（有时它们离地表很近）可以用来烧火，比木头、泥煤和干海草要好用得多。罗马人叫它"carbo"，我们现在的"碳"（carbon）一词即源于此；希腊人叫它"anthrax"，我们现在的"无烟煤"（anthracite）一词即来源

▲ 风车：一种利用风力驱动的机械装置，多出现于荷兰等低地国家

于此。当我们的直系祖先从欧洲中部的林莽中走出来，开始接受文明的第一缕曙光时，他们称它为"kol"。我们现在叫它"煤"——一种储存了数亿年的能量。

罗马人和希腊人妄图尽可能多地获取这种浓缩的能源，可惜他们只是糟糕透顶的采矿工程师，除了让奴隶们徒手或用石锤将这些易碎的物质刨出来外别无他法。总之，这种方法并不成功。

到了17世纪，随着商业和国际贸易的复兴，人们对煤炭的需求量越来越大。作为当时领先的制造业国家，英国开始了正规采矿的进程。那时的矿井质量不高，仅仅是凑合使用而已，很少能深入地下进行采掘。此外人们还发现完全排干矿井里的地下水是不可能的，除非使用"水泵"

这样一种代替人手的工具。

但是这些水泵很昂贵。人们起初用手排水，随后用骡马，可还是无法将矿井里的水排干，采掘出来的煤所获得的利润几乎全部用在了水泵的成本之上，因此世界各地的煤矿主都在呼唤一种能够代替人手的廉价工具的出现。于是，几个有科学头脑的人想到曾在书本上读到的内容：1500 年前的亚历山大城，人们曾经使用过一种用铁和火制造的人造奴隶，据说还大获成功。

可惜传说中的英雄发明的"火力机"跟罗马帝国一起进了垃圾堆，因此没人知道这部机器的制造细节。然而，一些有胆识的德国人、法国人和英国人试图让这台机器复活。没过多久他们就宣布，新的"火力机"已经造好，只等人们实践的检验。

人类发明史上有一个规律，那就是：让静止的物体动起来是一回事儿，要克服大众的惯性思维又是另一回事了。这没什么可大惊小怪的。地球上的大多数人都不是英雄，就像树、鱼和野兽一样，他们只想安安稳稳地活着，以确保既定的生活状况不会发生太大的变化，因为环境的改变就意味着抛弃熟悉的老习惯。可是对于世界的开拓者们来说，他们内心的冒险精神大大超过了对安稳的渴望。

这就是开拓者总是遭人憎恨的原因。而且除非他们能活到 100 岁，否则很难感受到大众对他们的贡献表示的谢意。

这就是为什么丹尼斯·帕宾、德拉·博塔、乔万尼·布兰卡和伍斯特侯爵试图让小水滴帮助人工作时会遇到那么大的阻力，也是美国的菲斯克被逼自杀的原因所在。

那些轰隆直响、呼呼喷气、嘎吱呻吟的轮子和杠杆，让所有理性的公民深表疑惑。那些用石头和钢铁造成的，轰隆地叫喊着、喷着火、冒着烟的大家伙，必定会改变几百万人现有的生活。这几百万人自古就习惯了逆来顺受，习惯了像牲口一样被虐待。他们只知机械地劳作，从出生（或至少从五六岁开始）到死亡，注定要做拉、搬、举之类的

▲ 英国南威尔士煤炭矿区：英国煤炭资源比较丰富，采煤历史悠久，勘查程度很高

体力活。这种命运谈不上幸福，但至少不会出什么意外，而这种安稳恰恰是普通人所渴望的。

　　当发明家告诉这些可怜的奴隶们，地下埋藏着取之不尽的浓缩能源，可以代替人力和畜力完成艰苦的工作时，他们只问了一个问题："这是不是意味着我们必须改变以往的习惯，还要学一些新东西？"当得到肯定的答案之后，他们就拒绝再听任何进一步的说明，比如怎样从繁重的劳作中解脱出来，如何减少身上的重担并获取更多的财富等等，这些丝毫提不起他们的兴趣。中断一直以来形成的习惯，被迫改变祖传的生活方式，足以让他们对新兴的"人造手"大加指责，理由是它们亵渎了神灵，妄图挑战上帝的神圣。这就足以成为神父们指责的借口：傲慢无耻之徒，竟然胆敢更改上帝的创造。

　　詹姆斯·瓦特能够取得成功的原因，不仅是因为他改良的火力蒸汽机可以完全解放人手，还因为他是晚些时候才加入蒸汽机爱好者队

伍的。当他将自己的专利发明公布于众的时候，蒸汽机可以取代人类
的肌肉进行工作的宣传已经在世界上流传了 150 年，所以反对的声音

▼詹姆斯·瓦特：英国著名的发明家，是第一次工业革命时期的重要人物，1776 年制造
出第一台有实用价值的蒸汽机

早已大大削弱了。

自此，人类的历史就翻开了一个奇异的新篇章。

使用马来推动矿井的水泵是为了代替人手的工作，而蒸汽机的发明则是为了取代马的劳作。人们渐渐发现蒸汽机可以做的事情有很多，因此蒸汽机开始在全世界广泛使用起来。因为这只喷火的怪兽胃口好得很，一天就要吞下数百万吨煤，所以就很有必要开发更多的煤矿。随之而来的是越来越多的煤矿被开采，越来越多的史前能源被带到地表，以维持蒸汽机的正常运转；越来越多的机器被制造出来，以供数量庞大的矿井使用。最后，煤成了世界公认的主人，拥有煤矿最多的国家可以随意对竞争者指手画脚。

让这种机器的发明者没有料到的是，整个发展的过程并不怎么令人愉快。与所有美好的期望相反，几年前刚刚从最低贱的手工劳动中解放出来的人们，现在却被另一个没有生命的机器奴役，这些机器甚至比 20 年前的工头还要冷酷无情。

唯一令人感到安慰的是，机器吞吃煤炭的时代似乎注定只是发展的过渡阶段。在今天，它已经展现出将死之兆。不是因为地下蕴藏的史前浓缩能源面临枯竭，而是因为煤的使用缺点太多。开采煤需要面对很多困难，而且脏兮兮的。采煤业从一开始就由社会上最受歧视的人群所承担，而且，这还是个危险的行业。当阳光普照大地的时候，煤矿工人必须在深达几千英尺的地下劳作。矿井和煤场让方圆几英里的地方变得丑陋不堪，运输成本也很高。

如果只有蒸汽机能够代替人手，为上百万发动机的轮子提供运转的动力，那么我们就别无选择。还记得 30 年前的那场煤矿工人大罢工吗？相信工人们对我的说法会感同身受。

现今有很多地方，只要矿工们放假，社会的运行就处于瘫痪状态，人人都面临着挨饿受冻的威胁。尽管如此，我们对煤的依赖心理已经不是那么强烈了，因为蒸汽机不再是唯一的动力来源。在蒸汽机迎来

60 岁生日的时候，它的小弟弟——发电机出生了。在它出生后的最初几年里，这个孩子似乎孱弱得很，有一段时间甚至还有夭折的危险，它的教父迈克尔·法拉第为它预言的伟大命运似乎就要化为泡影。

但是，随着人类对动力需求的日益增长，这种把机械能转化为电

▼迈克尔·法拉第：英国科学家，创造出了世界上第一台感应发电机的雏形

能的方法变得越来越有价值，因此发电机躲过了被丢进机械古玩博物馆的厄运。今天，发电机跟蒸汽机一样，在取代人手的劳动上发挥着同等重要的作用，而且它工作时只"呜呜"地轻声叫着，比"轰隆轰隆"地冒着烟的兄长要更受欢迎。

蒸汽机和发电机似乎已经能应付世界上的所有工作了，但在半个世纪之前，这两位老前辈又惊喜地迎来了另一个小弟弟。它飞速成长，似乎要夺取两位可敬兄长的地位。这位新贵就是"发动机"，它靠腐烂的动物为生，就像蒸汽机从古老的植物那里获取能量一样。

发动机每天从深埋在地底的巨大油仓中汲取营养。早在 4000 年前，人们就已经知道这种油状物质的存在了。那时，这种偶尔从岩缝中流出来的油质常常被用来照明，但没人能说清楚这些物质究竟是什么。即便在今天，动用我们所掌握的全部化学知识，也只能猜测这种不可或缺的燃料来源。我们有理由相信，这种物质来自于动物而非植物。在地球形成现在的样子之前，这些动物就已经生活在海洋中了，它们的遗体经过液化，形成了现在的石油。

然而，发动机对自己的食物究竟是什么成分毫不在意，只是自顾自地疯狂发展。作为人手的得力替代品，它渐渐成为最受欢迎的工具。它贪得无厌，为了满足它的胃口，我们不得不打开一个又一个盛着液化动物的史前仓库。对此，一些严肃的科学家们为大家敲响了警钟，他们预言内燃机必将随着燃料的缺乏而寿终正寝。

在我看来，我们大可不必太过担忧。人类终于品尝到摆脱重担后所获得的轻松自由的甜头，所以绝对不会放弃反抗，屈服于祖先所遭受的奴役。他们在各个领域里尝试，想方设法地寻找人手的替代品。他们利用气流的动力，建造了许多新型磨坊；他们迫使瀑布、山涧和海潮推动发电机；他们打起长久以来被忽略的阳光的主意；他们还试图将煤液化（迄今还不太成功），或者发明一种新型酒精来代替石油。要知道，如果想满足那些设计精巧而又贪婪成性的发动机的胃口，就

必须源源不断地为它们提供石油。没有石油，它们连一个轮子都懒得转动。

　　一些对未来技术的发展所作的预言，只不过是徒增世界文学垃圾的总量而已。也许某个天才会想出一种办法，将黄蜂和蜂鸟扇动翅膀所产生的气旋转化为推动发动机的能源。我敢肯定，用不着等到油井中的最后一滴油被抽干，人类的集体智慧一定能够想出让机器运转的新方法。而且世界上没有什么比贪图享受更具传染性。习惯开汽车的人绝不会回去坐马车，哪怕花掉最后一分钱，他们也会绞尽脑汁找出一种物质来替代从地底冒出的臭烘烘的石油。

▼石油：深埋在地下的流体矿物。图为正在作业的抽油机

　　我碰巧属于人类这种哺乳动物的一员，但我并不狂热地追捧人类的所有成就。我总觉得自己那条名叫"面条"的狗，比我的大多数朋友都过得快乐，因为这条温顺的德国猎犬生活在一个"衣食无忧"的世界里。它能躺在舒服的床上打盹，有充足的食物可以享用，偶尔还可以洗洗澡。但是作为交换，它也为我们提供着不可触摸却又用之不

竭的忠诚。

如果我能像"面条"一样不用为任何事担忧和焦虑，性格温顺，不用为了食物和邻居家的猫奔跑追逐，只要随时听从主人的召唤，那么我也会满足于这种平静的生活。但是，我会想念曾经的满足感（这种感觉让人类从所有动物中脱颖而出），也永远不会意识到世界是运动的（就像已故的伽利略所观察到的那样）。我不是说地球绕太阳公转的运动，而是说人类比以前更睿智、更仁慈、更能忍耐的变化。

不幸的是，虽然人手正在突飞猛进地发展，人脑的发展却极为缓慢——从机械方面看，我们处于现代的 1928 年；可在精神方面，我们离老祖宗并不遥远。说得简单点，我们只不过是开着雪佛兰兜风的穴居人而已。我清楚地认识到这一点，但却不能接受那些失败主义者的言论：不要去探究未解之谜，因为那是毫无希望、注定失败的尝试，我们鼓吹的知识和智慧只会带来毁灭和不幸。

有人认为机械化和工业革命（出现在蒸汽机、发电机和发动机这些人手代替品之后）带来了整个社会的怨声载道，这是很愚蠢的。我并不否认世界上存在着种种悲惨状况，也不想忽略这样一个事实：许多负责让这些无生命的机器转动起来的人，深深憎恨着手头的工作，而且他们也有理由去憎恨。但这并非关键的问题，而只是无关痛痒的小事罢了。我们不能因为几个自制力薄弱的同胞，由于好奇去吸食鸦片，结果进了警察局，就坚决反对将鸦片应用于医学领域，拒绝让患者使用可卡因和吗啡来减轻疼痛。这就好比仅仅因为一个 12 岁的淘气孩子偶然开跑了爸爸的汽车，结果掉进村子里的池塘淹死了，就声讨汽车的应用一样。

这绝不可能。这位"铁人"已经在我们的世界站稳了脚跟，任何言论都不会将它的力量削弱分毫。

一切都由工人亲自动手来完成的日子已经一去不复返了。除了几个需要高技术含量的行业之外，工人们背着廉价工具包到处奔波的日

子也结束了。他们坐在家里，汗流浃背地摆弄恼人的机器（机器是从富人那租来的，因为普通工匠可买不起这么昂贵的机器）的时代也很快就要过去了。工厂的出现，代表着一种更为纯粹和集中的公共人手的时代已经到来，与之对抗无疑是愚蠢的。如果一个民族在面对新的思维方式和生活方式时，还没有做好应对变革的心理准备，仍旧刻意回避变革所带来的困难，就无异于犯罪。

就像冰川时代一样，机器时代也是突然降临的。恐慌之中发生了许多恐慌时期常会发生的事情，想来也许不那么令人愉快。但是既然人类能够适应冰川带来的改天换地，也一定能想办法找到走出机器时代困境的道路。

在今天的美国，即便是最穷的人也仍有数个无声的"奴隶"为他服务，使他能腾出时间关注其他事情。这些默默无闻的机器任劳任怨地做着搬运、扛举等繁重劳动，而在 100 年前，这些工作都要靠人手和脊背来完成。

现在，即便是贫民窟中最不幸的人也能享受到的物品，是连当年无比荣耀的查理曼大帝都不敢奢望的。

这听起来就像某个公共事业公司的某个专业推销员在午餐后所作的演讲，意在劝说一个七等小镇的商务处再建一座发电厂。

我对天发誓绝无此意。

在当今社会，这些巨大的人手替代品如果缺乏正确的引导和使用，落到贪得无厌之徒的手中，就会做出一些坏事。

但同样，它们也会帮助人们做出很多好事。

朋友们，选择权在我们自己手中。

—— 第四章 ——

从步行到飞行
Cong BuXing Dao FeiXing

诗人可以使用"轻盈的步伐"（这是莎士比亚在《罗密欧与朱丽叶》中吟唱的语句）这样美妙的词句，但是对四足和两足动物来说，脚一直在遭受磨难。它们必须承受踩在尖利石子和荆棘上的痛苦，还要被迫承担疾驰、小跑、跳跃，让主人到达安全之处的重任。因此，脚算得上是身体最脆弱的部位了。所以一旦人类产生了脱离动物行列的意识，就要想方设法增强和扩展后腿的能力，以便新出现的代替品能给疼痛的脚底板分担一些重担。

当然，最开始的时候，人类总是不慌不忙，也没什么时间的概念。原始人只能意识到几件大事：黑夜之后是白天，白天之后又到了黑夜；一段温暖潮湿的天气之后，寒冷干燥的季节必将到来。

但是现在，时间似乎变成了切实存在的物质，能够转化为可以明确定义的劳动量，然后据此来衡量盈亏。如果让 15 000 年前的人类听到这个理论，他们一定会捧腹大笑的。让石器时代的人去学习使用手表和潮汐图，就跟让澳洲丛林中的居民听到爱因斯坦的理论一样，只会让他们感到无比震惊和迷惑。

因此，除非被敌人穷追不舍，否则我们的祖先永远不会考虑速度的问题。但是脚的重要性毋庸置疑。原始人并不在乎从一个地方走到另一个地方花费了多少小时、多少天或是多少星期，但是他们很在乎，甚至极其在乎完成这段旅程所消耗的体力，比如脚底板磨出了多少水泡、蹚过了多少条河、腿被丛林中的荆棘划出了多少道伤口。

人类几乎在寻找"强化手"的同时，就在寻找"强化脚"了，而

且似乎更为成功。因为就连最低等的动物都知道让其他动物代替自己做一些自己不想做的工作，更何况人类呢。在人类发展的早期，他们就已经能够驾驭同属哺乳动物的同类，用它们的脚代替自己的脚。

马是最早一批被驯服的动物之一。一旦跨上宽阔的马背，人类就可以舒舒服服、不费吹灰之力地走完很远的距离。但是要控制好这些动物需要一定的技巧，所以普通人要想从一个地方到达另一个地方，又不想摔断脖子，就只好步行了。

▼ 马是人类很早就开始利用的一种交通工具

当人类还像野蛮动物一样没什么家当的时候，步行还不算什么可怕的事儿。但是当人类文明发展到了一定程度，人们积累了一些私有物品的时候，他们就变成了自己财富的奴隶，走到哪儿就要把这些东西背到哪儿。没过多久，他们就发现，拉比背更省力，于是运输的方

式发生了变化。在很久之前的冰川期，地球上没有一条路，到处都是无边无际的雪野，这为人们试验雪橇（由人或驯鹿拉的平木板）提供了绝好的场所。

后来，人们又在平木板上加上了滑板。起初人们用骨头作为滑板的材料，当金属得到了广泛应用后，钢铁就代替了骨头的地位。与人类制造的其他机器相比，雪橇保留了最多的史前形态，即便在轮子盛行的时代，雪橇依然保持原样，甚至在 17 世纪到 18 世纪之间，大型商贸中心的拖运工作都由雪橇来完成。因为轮子价格昂贵，人们宁可把多余的马匹杀掉，也不愿意到车匠那里去定做一辆再普通不过的货车。

▼ 狗拉雪橇：是生活在极地地区的人们最重要的交通运输工具

为轮子的发明者竖立的雕像在哪儿呢？

他可是造福人类的恩人，可惜没人想起他来。

当然，对我们来说，他做的贡献现在看来再简单不过。我们很难相信早期人类居然一度忽视了这种圆木盘中所潜藏的运输能力。

　　不过事实确实如此。不仅存在着这样一段时期，而且几千年来，地球上甚至有一大群人从没想过轮子的妙用，我们美洲的印第安人对轮子就一无所知。美洲印第安人并不愚蠢，他们跟欧洲同时代的人一样聪明。他们在数学领域做出了卓越的成绩，在天文学方面的成就也大大超过了埃及人和希腊人，但是他们从未想过制造一个轮子。当西班牙征服者到来的时候，他们的马车使印第安人大为震惊，丝毫不亚于枪炮的威力。这也许就是印第安人落后于人，从而被东方种族轻而

▼印第安人：对除了因纽特人外的所有美洲原住民的总称（Yellowstone/ 摄影）

易举征服的原因所在。

　　在死去的埃及统治者的墓葬里，我们发现了据说最古老的车轮，现在它被保存在博物馆里。巴比伦的雕刻为我们描绘了这样的情景：留着胡子的君主正驾着全副武装的小型装甲车猎杀雄狮。而荷马提到车辆的次数，简直跟提到国王一样多。《圣经》中的车辆不满足于在尘世的大道上行驶，它们飞上天际，直达伊甸园的最高处。实际上，

▲绘画：描绘了太阳神阿波罗驾驶马车的情景

整个古代史中都不乏"烈火战车"和"天堂之车"的传说。当人们想对某位神灵表达敬意的时候，就会把他描绘成英勇的车手。他驾着一辆黄金马车，要么跟太阳赛跑，要么将月亮偷走，总之就是利用马和轮子来完成一些高难度的事情。

最早的车辆是否算得上一种最理想的移动工具，很值得怀疑。人们很少使用车辆，只有在年老体弱的时候才被迫使用。只要有可能，他们就会坚持骑马和骡子。随着罗马帝国的崩塌，车子被埋进了历史的尘埃里。因为那个时代没有道路，也就没有车辆的用武之地。它们跟私人游艇和私人专列一样，变成了稀有和昂贵的奢侈品，最终在欧

▲绘画：描绘了古代欧洲贵族乘坐马车的景象

洲的许多地方销声匿迹。直到 16 世纪的时候，陆路贸易的复兴激发了人们对高效运输方式的需求，于是古罗马车辆重现欧洲大陆，而瑞士的乡间小路上，再也听不见中世纪的运输工具驮马身上叮叮当当的铃声了。当轰隆作响的货车忙着将香料和纺织品从东方运到西方的时候，我们仿佛能感受到人们正试图减少对驴子和骡子的依赖。与此同时，帆船开始取代由奴隶划桨推动的人力船。既然风在水面上帮了人们的大忙，那何不让它在干燥的陆地上大显身手呢？

　　这时，一个聪明的弗莱芒人想出了一个主意，试图将船和车组合起来。于是他在四轮车上竖起了一张帆，果真起了作用。但可惜的是，车子只能顺风行驶而不能逆风行驶，最终惨遭淘汰。有些人还想通过人力来推动轮子，可惜也没有成功。

　　1769 年，一位名叫屈诺的法国人开着一辆由蒸汽驱动的车，以每小时 4 千米的速度，沿着崎岖的凡尔赛道路隆隆驶来。这辆车是为法

▲ 大航海时代的帆船

国战事部制造的，目的是试验一下蒸汽能否代替马匹来运输枪炮。现代车辆大多拥有两个或四个轮子，而屈诺的车只有三个轮子。

如果这辆车能够一直待在道路上，那么它的发明者就获得了成功。无奈它总是往路边的田野里溜去，刹车也不灵光。这次试验因一无所获而终止，这辆蒸汽车也被人们抛到了脑后。

这次失败也许是因为工程师的设计失误，也可能是由于军人们对于新鲜观点所持的一贯敌意。这种敌意是有不少先例的。例如，法国的大炮专家就曾声明反对这种机器；50 年后，一个名叫波拿巴的意大利雇佣兵队长嘲笑用蒸汽船横穿英吉利海峡的做法；75 年后，美国的战事部以氯仿既没用又危险为由，拒绝在战地医院使用麻醉药。

当萨姆·维勒家族的人听说车辆居然不需要用马拉的时候，立刻乱成了一锅粥。他们跳上高高的马车，指责用蒸汽来赶车是对上帝的

亵渎，还会导致庄稼枯萎、马匹无法繁殖，最终使整个帝国走向灭亡。

但是，天才的发明家就和天才的画家或作曲家一样，他们之所以进行创造，是源于内心无法抑制的在血管里奔流着的渴望。在某种不可救药的好奇心的驱使下，他们宁可抛弃所有，也要发明、画画、作曲，否则他们一定会因不满或抑郁而死去。

不论何时，但凡出现一个新的思想，98%的人都会嗤之以鼻，然后给报社写信，希望编辑们利用自己强大的影响力，来劝说那些"所谓的"飞行家、北极探险家、萨克斯演奏家们，不要用自己的劣迹来误导下一代。

幸好还有另外2%的人懒得理会同胞们的这些"高尚行为"，因为他们一拿到报纸就会把它们丢进火炉里，以免让家人冻死。即便某些爱国组织的女士们泪水涟涟地恳求他们不要这么做，他们也只能让亲爱的姐妹们失望了，因为他们中的大多数人，多少都带着点疯狂。我可能把话题扯远了，那是因为我下面要讲一讲另一个"强化脚"的发明。与其他发明相比，它所遭受的反对更为坚决、更为猛烈，它就是火车。

理查·特雷维斯克、威廉·海德利和乔治·史蒂芬被认为是火车这匹"铁马"的发明者。他们生活在一个讲究优雅体面、从容地吸着鼻烟、交通运输缓慢的时代，在这个由正统基督教徒组成的国家里，他们的热情显得有些格格不入。

今天，人们为他们立了雕像。可当他们还在世的时候，大众却以另一种方式来表达对他们的"尊重"，比如朝他们发出嘘声、扔烂白菜，国会甚至通过议案禁止他们用邪恶的计划来打扰乡村的宁静。当这项议案无果而终的时候，博学的教授们又成立了委员会，拿出无数图纸和统计数据，预言蒸汽动力必将失败的命运，并断言投资于此无异于把钱扔进了泰晤士河。第一条铁路历经千辛万苦终于建成后，史蒂芬又花了十几年的时间，经过了无数次的解释、辩论和争吵，才说服上司，

▲ 蒸汽火车：世界上第一代的火车，是以煤为动力、以蒸汽机为核心的最初级最古老的火车

把发动机安装在轮子上，成为移动车厢的一部分——那是在 1825 年。

借助内部零件有规律的冲击力来驱动机器的想法由来已久。希腊人早就设想过这种替代手的可能性，但可惜没能付诸实施，因为他们掌握的知识有限。他们拥有聪明的头脑，却没有积累足够的科学经验，因此他们只算得上古代世界中的"设想家"罢了。从治国之道到汽车的发明，他们想到了一切，而且总是"设想"得八九不离十。

继希腊人之后登上历史舞台的，是虔诚的中世纪的好市民们。他们只追求"信仰"，对他们来说，"求知"和"设想"都是可有可无的东西。经过多年苦苦的思考，他们终于认识到了一个无可争辩的现实：今世之所以变成了苦难的人间地狱，是因为人们过于憧憬那虚无缥缈的来世的幸福，却忽视了今生的享受。于是希腊人未竟的事业被重新

绘画：描绘了中世纪人们对宗教信仰的虔诚

拾起，阁楼里的内燃机也被搬了出来，开始成为人们认真研究的对象。

　　荷兰物理学家惠更斯曾试图制造一种用少量火药产生的爆破力来推动的机器。在他忙于试验各种类型的火药时，瑞典王室从纽伦堡的一个钟表匠那里购买了一辆"用机械装置驱动"的车。对于当时的道路状况来讲，这辆车走得有点太快了，它的时速可达一英里半，而且可以保持不间断行驶。那时的科学家们对此项研究简直是着了迷，就连几年后发现了万有引力定律的伟大科学家牛顿，也在忙于研究靠火箭原理驱动的车。

　　19世纪中叶，在人们掌握了从石油中提炼出汽油的技术之后，现代意义上的汽车才首次出现。1870年的普法战争，使法国和德国被迫中断了一直进行的"内燃机车"研究和实验，但是这场毫无意义而又灾难深重的战争过后，一种不用马拉也不用蒸汽驱动的"内燃机车"

很快就出现了。它一跑上欧洲的公路，就马上遭到了猛烈的抨击。铁路公司完全忘记了不久之前自己的遭遇，指责公路上横冲直撞的车辆是"公共安全的敌人"。公民们也为自己所谓行走的权利大声疾呼。国会再次通过法律，要求车主必须派护卫手持灯笼或红旗坐在车头前，以提示行人。

所有这些"强化脚"的发明，都带来了社会体系的重大变革——这一变革从詹姆斯·瓦特获得了改良蒸汽机专利的那一天就已经开始了。它们彻底改变了从前的距离观念，将地球至少缩小了 60%，让人们重新理解了"速度"一词的含义。脚变成了最不尽如人意的交通工具——人走得太慢了，活像一只长着大脑的蜗牛。在火车和汽车被发明出来之前，脚是衡量速度的唯一标准，顶多加上一双由骨头或钢铁

▼亨利·福特：美国汽车工程师与企业家，福特汽车公司的建立者

作为滑板的冰鞋，但脚的成绩实在不值得夸耀。在不到 100 年的时间里，我们就走到了生物队伍的前列，速度之快连我们自己都无法想象。但是无论如何，我们再也不是原地踏步了。

陆地上发生的事情很快在水上得到了重现。从本质上说，人是陆上动物，但因为饥饿、贪婪和好奇心，他们花了不少的时间待在水上。

如果人们打算从一地运送货物到另一地，但在他们所走的捷径上横着一条小河，那么前面提到的这些脚的代替品就毫无用处了，因为如果河水不深，人们就可以背着货物蹚水或者骑马涉水去对岸。但是这个过程要求人们重新装卸货物，无疑会浪费掉大量时间，因此人们不得不想出一个不弄湿双脚就可以顺利到达对岸的办法。

于是，桥应运而生。

第一座桥是一棵横在峡谷上的枯树，它朝上的一面被削平，这样可以保证人们的通行。但是树的高矮不一，河的宽度也不定，而且车马也无法在这样摇摇晃晃的狭窄桥面上行走，行人还常常会掉到水里淹死。

▼独木桥：简单的人行桥，常用一根一面砍平的圆木做成

最终，还是由罗马人解决了这个难题。虽然埃及和巴比伦的工程师跟后来的罗马人一样聪明，但他们身边的河流像海一样宽阔，以至没有人会产生征服它们的念头。另外，他们国家的疆域并不辽阔，不太需要这种便捷的从一地到另一地的方法。

▼ 建于古罗马时期的古桥

可罗马人则不同，他们拥有几十万平方英里的国土，士兵的数量却十分有限，所以必须依靠道路和桥梁把士兵从领土的一端快速输送到另一端。因此，他们修建的桥梁，大多为军用而非商业用途。

现今，随着贸易压力的日趋增长，即便最好的桥也无力应对日益繁忙的交通状况。于是桥演变成了隧道，它穿过河床底部，再从对岸钻出来。而且河底隧道对地面上的商贸活动不会造成任何的影响。

上面我们说的是自然界中不足挂齿的河面上的障碍，但征服大海就不那么容易了。人类当然可以模仿鱼或海豹在海里游泳，可是人不能在水下待太长的时间，所以为了人类能够在水上自由地移动，必须发明一种特殊的"脚"。动物为了躲避洪水，会抓住一根枯树干漂到安全的地方，这也许为第一艘船的发明提供了灵感。但这种独木船很不稳当，一不小心就有翻船的危险。于是人们用火烤、用石头刮，把木头的中部挖空，再将木头削成类似于我们今天的船的形状。人们在一根长木杆的帮助下，就可以让这种原始的船在水面上行走起来。经过许多年的试验和改进，终于有勇敢者驾着木船横渡英吉利海峡。这着实震惊了史前的人类。从某种程度上说，这位勇敢者无疑比查尔斯·林德伯格[1]更伟大。

随后，人类迎来了一个重要的时刻（人类历史上最伟大的时刻之

▼从动物身上获得灵感而发明的独木舟

———————————————

[1]查尔斯·林德伯格：美国飞行员，首个进行单人不着陆跨大西洋飞行的人。

一）。一位勇敢的水手将兽皮固定在一根木头上，再把这根木头横着绑到另一根木杆上，就形成了一根桅杆。最后他将这根桅杆插在船头，让风吹着他漂往目的地。当他乘坐着这辆"海上长途汽车"穿越英吉利海峡时，海峡两岸的人一定认为人类的智慧已经达到了顶峰，发自内心地感受到航海的"黄金时代"就要到来了。

但这只是个开头而已，因为现在手也在帮助脚了。桨的发明让航海比先前更加安全，让船像犁地一样在海中乘风破浪，这情景让人们大为惊叹。桨的出现还减轻了水手对风的担忧。只要你拥有足够多的奴隶为自己划桨，就能精确地预测出到达某地的时间。

随后，桨发展为舵，这距离第一艘船的出现已经过去了几千年。

▼赛艇：船桨发明后兴起的一项著名运动项目，也是奥运会传统比赛项目之一（树莓／摄影）

当时的船就像一只漂浮在水上的方盒子，船头和船尾是一样的，所以船的两端都要安装舵。舵的功能等同于独木舟上的桨，能起到改变和稳定方向的作用，只不过体形更大。为了加快船的航行速度，舵的形状也发生了变化。前舵被淘汰，只保留了船尾的那只舵，这种方式一直延续到现在。

大约在同时，与航海相关的技术又有新发明，那就是锚的出现，这个简单的工具在希腊语中的意思是"钩"。

当时的锚是一块系在绳子上的大石头，就像从甲板上伸向海底的手，可以把船只固定在合适的位置，解决了船在海面上停泊的难题。可别小看这只"强化手"的作用，它的出现在很大程度上保证了船舶的安全，以至被很多宗教视为平安的象征。

希腊和罗马人对浩瀚的海洋没有什么好感，就像畏惧冰雪覆盖的阿尔卑斯山和色雷斯山一样。他们从来不进行远距离的航行。当夜晚来临的时候，他们会把船拖上岸，在陆地上过夜。他们之所以采用这种缓慢而昂贵的航行方式，是因为他们只会根据星星来判定航线。如果夜晚没有星星，他们就只能随波逐流，不知道将漂向何方。如果遇到海上有雾、夜晚看不见星星的情况，水手们就会搞不清方向。不过出现于 13 世纪上半叶的指南针解决了这个难题。有了指南针，船只就可以深入四大洋的各个角落。如果船长拥有丰富的经验，船主造船时又不那么吝啬，再加上天气不错、地图精确的话，那么早期的平底船通常都可以到达目的地。

至此，水手们远航所需要的工具已经齐全了。

但是即便由最专业的航海家来驾驭，操控庞大的帆船也仍然存在着危险。如果逆风航行，就意味着麻烦，暴风雨会卷走一半的船桨。所以在大洋上航行的困难，在于如何把这只漂在水上的脚从对风和手的依赖中解放出来。

有人曾经尝试在船只的两侧装上脚蹬的桨轮，可惜没有成功。当

▲指南针：一种判别方位的简单仪器

詹姆斯·瓦特改进"强化手"的试验一获得成功，蒸汽机马上就被安装在了船舱里，用来推动桨轮。人们往往把此项发明归功于富尔顿，可在他之前，就已经有人忙于进行"火船"的实验了，富尔顿这位热情洋溢的年轻画家只不过成功地推动了蒸汽机运用于航海技术而已。拿破仑战争结束十几年之后，英国和欧洲大陆已经开通了固定的航线。1838年，汽船也开始往来于美国和欧洲之间，全程只需要两周的时间，而此前至少要花费三周甚至三个月。

大约30年前，远洋轮船这个"强化脚"的出现，彻底消灭了水上的距离，就如同人类当时征服陆地一样。

现在，只剩下一个领域需要人类征服了，那就是天空。

自古以来，天空中自由自在飞翔的鸟儿一直被人类所羡慕。它们不受道路和桥梁的限制，就连河流和海洋它们也无需放在眼里。它们甚至可以随季节变化，在南北之间随意迁徙，完全不用担心严寒和酷暑。

▼以雄鹰为图案的风筝

因此，人类从诞生之初就开始模仿鸟类，4000 年前的中国史书里就已经出现了风筝的身影。

几乎所有神话故事中的神灵都能够在空中自由飞翔，这充分显示人类有多么渴望飞行。但是在飞行领域，早期人类没有什么作为。直到中世纪的后半叶，我们的老朋友达·芬奇又开始钻研起用翅膀代替脚的问题了，他甚至还制造了不少飞行器。它们在图纸上看起来是那么漂亮，可试验的时候，却怎么也飞不起来。

现在我们才知道他失败的原因。那些人造鸟本身没什么问题，问题在于没有足够的动力，能让这些大型风筝飞上天，除非"人手"的力量比 16 世纪时大上 1000 倍。

这一问题引起了人们持续的关注。18 世纪后半叶，几个法国造纸商将许多薄纸粘在一起，做成了一个气球，并在里面充满了热空气，

气球就居然飞上了天。围观的人群惊呆了，气球刚刚着陆，人们就蜂拥而上，用叉子猛戳这个会飞的怪物。

▼ 热气球：用热空气作为浮升气体的气球。下图为世界上第一个热气球的设计图

　　虽然人类已经能飞到空中了，却无法控制飞行的方向。如果风向正确，人们可以乘着热气球从一个国家飞到另一个国家，甚至能飘过英吉利海峡。可是一旦他们到了法国或大不列颠，再想飞回来，就要等待合适的风向了。

　　能够在天空翱翔的滑翔机也是如此。虽然它们的历史跟中国的风筝一样古老，可直到50年前，也就是汽船和火车已经发展到了成熟的阶段时，人们才把目光投向它，打算靠它来征服天空这片领地。

　　在19世纪七八十年代的时候，滑翔机就可以做到像鸟儿一样在空中滑翔了。它可以在空中飘上很长时间，可如果突然刮起一阵大风，就足以让驾驶员摔断脖子。而且，要想让它飞起来并不容易，要想让它在目的地着陆就更加困难。看起来，为人类插上翅膀仍旧是一个无法实现的梦想。直到有一天，制造商们把滑翔机的外形缩小，使其飞行性能做到更为稳定，它才不至于因突然失灵而掉到地上来。

　　莱特兄弟似乎是飞上天空的第一人。虽然他们的第一次飞行只持续了59秒，却为后来者开辟了征服天空的途径。

　　不久之后，人类又成功地飞越了英吉利海峡。当路易·布莱里奥[1]从法国加莱飞到英国多佛之后，整个世界终于相信时间和空间这两个宿敌被打败了，地球人终会团结一心，永远和平幸福地生活在一起。

　　可是，当英吉利海峡上空传来隆隆巨响时，那些满载致命炸药和毒气的齐柏林飞艇再次提醒着我们："人脚"与"人手"一样，只不过是无意识的工具，可以用来行善，也可以用来作恶。在前进的路途中，人类会不可避免地走上奇怪的弯路，而且很多弯路都要穿过墓地。

　　至于"强化脚"在未来能否以另一种形式帮助人类摆脱地球的束缚，我们无从得知，但是就现在的情况来看，似乎并无可能，或许我们必须更深入地研究万有引力定律，或是更仔细地观测邻近的恒星。但当

---

　　①路易·布莱里奥：法国发明家、飞机工程师、飞行家，以在1909年成功完成人类首次驾驶重于空气的飞行器飞越英吉利海峡著称。

▲ 摄影：19 世纪末 20 世纪初，美国莱特兄弟驾驶飞机进行试飞

我们意识到短短一个世纪的时间里，人类的"手"和"脚"的能力竟然如此奇迹般地得到增强，我们就没有理由对打破地球这一牢笼感到绝望。

不管怎样，我们仍要牢记这一点：在过去的 50 年间，人类看起来取得了重大的进步，但在大脑的开发利用方面还只能算是新手，而且没几个人有勇气承认这一点。

但是，请给人类时间。

━━◆ 第五章 ◆━━
千变万化的嘴
QianBianWanHua De Zui

一艘远航境外的船只至少每过 24 小时就要确认一下方位，以便随时检查是否偏离了预定航道。同样，作者在尚不熟悉的知识海洋里航行时，也要经常看看指南针，以免撞上浮夸的"胡言乱语"的暗礁，最终在自己"雄辩"的残骸中死去。我说的指南针就是字典。

《大英百科全书》对"嘴"的解释精准而轻松：在解剖学中是这么解释嘴的——嘴是消化道最前端用来咀嚼食物的椭圆形腔。它的开口位于两唇间，静止时的宽度等同于左右两侧第一颗前臼齿之间的距离。唇是环绕着嘴的肉质褶皱，其组成部分从外向内依次为：皮肤、浅筋膜、轮匝肌、包括许多豌豆大小的唇腺的黏膜下层组织、黏膜。每片唇的深处都分布着冠状动脉，唇中线处是连接黏膜与齿龈的唇系带。

参照这段解释，也许我该把本章称作"声带"而不是"嘴"。

但是声带是人体解剖学的术语，很少被用于礼貌的社交谈话之中。如果提到这个词语，普通人难免将其与扁桃体炎或感冒联系起来。在一般人眼中，嘴是说话的器官，而不是百科全书所定义的"消化道最前端用来咀嚼食物的椭圆形腔"。

因此，当我提到"嘴"的时候，其实是指"说话"。当我说到人类文明更伟大的部分依赖于嘴的强化功能的时候，实际是指人的语言能力。人们互相传达思想，需要借助于一个最伟大的发明——高度发达、可靠、精准的声音分辨系统，我们称之为"语言"。

我不是轻率地否定动物的语言能力。我家也有小猫、小狗，屋檐下还住着许多燕子。它们时刻提醒着我不要狂妄到忽略它们的语言。猫、

▲ 绘画：描绘了人们用语言交流沟通的场景

狗、马、牛、鸟，还有海豹等动物总喜欢互相倾诉，尤其在抚养幼崽的时候，更是唠叨个没完没了。

虽然我们对动物的语言知之甚少，但我必须补充一句，它们的语言似乎只限于几个简短的示警信号，而且只与繁殖和觅食两种本能相关。人类关系中必不可少的抽象思维，动物们完全用不上。如果把会算术的马儿"汉斯"，还有博学猿"领事三世"找来，让它们谈谈"国联"，或是比较一下基督教和佛教的优劣，它们一定毫无头绪。

我会小心避开语言的起源问题，因为我一无所知。不是因为找不到有价值的资料，而是因为相关的书籍很多，也涉及了海量的学术细节，可一旦触及问题的本质，它们便都以"这个奥秘远未解开"这一令人沮丧的结论告终。

　　我们知道很多关于语言发展的知识，但是当我们试图确定人类开口说话的具体时刻时，就开始束手无策了。面对这个问题，我真想能回到2000年前的地球。

　　这些年来，人类对自身已经有了相当充分的了解。相信再过几百年之后，我们一定可以断言："就在那个时刻，人类不再像动物一样咕咕噜噜，而是开始像人一样说话了。"为了见证这一天的到来，我要充满感激地记下这一事实：嘴（声带）为人类发展所做出的贡献，要远远超过任何一个身体器官，甚至超过"大功臣"手和脚。因为嘴让我们将积累的知识传承下去，每一代人都能继承祖先积累下来的智慧。

　　显然，人类是从几种存在细微差别的祖先进化而来的。不同的族群具有不同的表达方式，这导致了人类的早期发展非常缓慢。后来的情况却大为改观。有人发现，某种方言中吱吱和嘘嘘的声音组合，与其他方言中吱吱和嘘嘘的组合，有着相似的意思，从而认识到，一种方言的内容可以用另一种方言的语言系统表达出来，而且可以保证基本意思不会改变，语言本身也不会受到丝毫影响。

　　这就是翻译的丰功伟绩，它让人类变成了一个智慧大联盟。我并不是说世界上所有地方的人都能很好地利用别人的知识，来补充自己的智慧。要知道，大多数人不在乎这件事，他们只希望自己吃得好，住得暖，教育好下一代，偶尔还能看场电影，就心满意足了。

　　无论是在中国、格陵兰、澳大利亚还是波兰，真正做事的人，都不会只凭自己的片面观察就妄下结论。即使人类从未发明过字母表，即便不会读书写字，他们仍能借助翻译的帮助，了解到其他地区的人们对于同一问题的看法。在很久之前，必定有个可怜的野蛮人第一个想到，各种语言之间是可以相互比较、权衡的，就像香皂、水泥或是干草一样。正是这个人将整个人类凝结成一体，共同对抗强大的无知和恐惧。

　　如果把平淡的日常琐事看成生活的必需品，那么知识无疑可以算

作奢侈品了。声音也是这样。它最初是为了警示，而不是为了教育。它不仅提醒人们注意那些看得见的危险，更用来警告那些隐形的危险，而后者更加危险，因为人们无法进行有效的防御。

文明程度越低的人群，越容易被他们所相信的神秘力量左右。他们毕生都在与那些藏在草丛中、躲在树后或井底的隐秘敌人作斗争。这些"鬼怪"专门攻击可怜的农夫，吃掉他们的孩子，还在他们的牲畜身上施咒。

这看起来真令人绝望，但所幸"鬼怪"们的胆子都很小，只要拼尽全力大喊大叫，就能把"鬼怪"们吓得抱头鼠窜。

可是大喊大叫很耗体力，也损害声带。于是很早以前，人类就用一段空木头来代替人声，警告大家快跑。

通常不停地把鼓敲上一段时间，就能吓跑"鬼怪"，但如果碰巧它们特别顽固（这多发生在春夏两季），那么就需要连续敲上几天，甚至几周的大鼓。

利用声音来驱鬼深刻地影响了人类社会，风靡中世纪的钟声就能证明这点。教堂的钟就是一张"金属嘴"，它早、中、晚都响个不停。可是人们逐渐忘记了它最初的功能，转而用作其他用途，比如农民用它报时，提醒作息。尽管如此，钟最初的功能并没有完全丧失。每逢周末和假日，钟声回荡，召唤着信徒们来到教堂，也荡涤着可能会阻碍仪式进行的不洁因素。

随着欧洲政府越来越"关心"大众福利，"嘴"被广泛用于各个领域，告诉大家什么可以做，什么要远离。

在中世纪，守卫城镇的士兵吹响号角，是为了告诉那些守法的市民，一切平安，还要提醒他们小心火烛。可我指的并不是这些，我想说的是"强化声音"在那个时候更为野心勃勃的用途。

其中一项用途就是夜间航海。船只一旦远离了海岸，行进在辽阔的海面上时，航行就变得容易起来，而且触礁的几率也会很小，因为

那时的船吃水很浅，根本用不着担心会触到沙洲。但要想在黑灯瞎火时靠近陆地，问题就出现了。罗马人和希腊人当然可以在海岬上安排一个大嗓门的奴隶，由他向船上的水手发出警示。但问题是能否找到那么多声音洪亮的奴隶，以确保所有船只都能免于危难，因此就有必要发明另一种工具来代替人的嘴巴。在可能会对航行构成危险的地段的崖壁上点燃火把，无疑解决了这一难题，灯塔就这样作为一种"强化声音"的工具出现了。

▼灯塔：一种固定的航标，用以引导船舶航行或指示危险区

　　人们从内心里崇敬这种警示灯塔，这种崇敬从古人无比尊崇公元前300年建造的亚历山大灯塔，并授予它"世界七大奇迹之一"的美誉就可以看出来。想必建造这座灯塔的人一定是个行家里手，因为这座声名显赫的灯塔在长达1600年的时间里，一直用它的灯火照耀着海面，要不是一次大地震，它仍然会屹立在那儿。
　　不用说，罗马人是伟大的灯塔捍卫者。只要让他们建造与道路、港口等相关的交通设施，他们必定会不惜重金，精益求精，力图做得

完美。欧洲的每个海岸都遍布着他们修建的警示灯塔，从而使欧洲在此方面领先于世界其他地区。在美国的印第安人没听说过灯，甚至不知灯塔为何物的时候，英国多佛和法国加莱已经拥有灯塔好长时间了。

中世纪时，灯塔系统一度被废弃了。还没倒塌的灯塔都被改建成教堂，供信徒们使用，于是黑暗重回海面。随着商业的复兴，信号塔再次成为人们的日常必需品。人们开始用煤代替木头来照明并传递信号，后来又改用煤气和石油。现在，电代替了"嘴"的功能，可以轻易把示警信号传到 30 英里外的地方。

可惜灯塔只在晴朗的夜晚才有用，遇到雾气弥漫的情况时，就完全发挥不了效力了，因此就必须用声音来取代。开始时，敲钟就足够了，但是钟声传播距离有限，并不适用于现代海上交通的发展。于是人们发明了雾号来示警，它由蒸汽机驱动，可以将声音扩大很多倍，这种可以发出大声的装置，一直到无线电出现以后，才退出历史舞台。

此后，只消一声低低的"耳语"，就可以告知船员们即将来临的危险。可以预测，几年之内，灯塔和雾号就会像火警钟一样遭到遗弃，因为"现代嘴巴"喜欢严谨、安静、体面地进行高效率的工作。不过跟人类的其他工具一样，"现代嘴巴"也会遭到滥用。如果谁有一个使用便携式留声机的邻居，他一定会深有体会。但是一找到机会，嘴巴就会文雅起来，如果你听说过"远程对话"和"远程书写"这样的事，肯定就会明白我在说什么了。

起初，要想让对方知晓一件重要的事情，利用声音或手势都可以完成，但人们很快就放弃了手语，而采用声音的方式来表达。如今手语只在聋哑人之间使用，普通人在对话时运用手势，往往是来强化讲话的内容。

用声音来交流的方式发展迅速，这中间的历史也很有趣。

在最古老的巴比伦雕塑上，我们可以看到最原始的"远程传声"的画面：1000 个奴隶正在卖力地用绳子拉动重物，一个工程师模样的

人站在一个小平台上，手里拿着一个类似麦克风的东西，对着它大喊："拉呀！嗬嗨！"听到指令后，所有的奴隶就会一起发力。如果没有这个"强化嘴"的帮助，工程师的声音就不会被这么多人同时听到。这是人类首次尝试放大自己的声音，此后经过漫长的研究和无数次的试验，电报、电话、无线电和收音机这些可以传声的玩意儿，终于诞生了。

有许多发明在刚刚出现的时候，并不太引人注目，因为它们与人们日常生活的关系并不密切。但我相信，在一生中，每个人都会遇到因为声音传不到 200 英尺外而懊恼万分的时刻，人人都渴望着解决这一难题，所以相较于人体的其他器官，我们就可以更方便地追踪"远程传声"的发展历程。

如果传统说法正确的话（通常传说比文献资料堆积出来的历史更可靠），那么特洛伊城投降的消息，就是用烟火信号传递给远方的希腊的。自古以来，非洲各个部落都是以用木棍击鼓的方式来进行联络。刚果土著人可以轻松地解读他们发出的声音信号，就像西部联盟公司办公室里的职员们熟知莫尔斯电码一样。

中世纪的时候，更为文明的人类住进了高墙包围的小城市，活像关在笼中的野兽。如果城市遭到敌人的围困，人们就用鸽子来报信；而在晴朗的海面，船只就用旗语传递信息。

对于小的社会群体来说，这些扩大人声的笨拙方法尚且够用，但随着国家疆域的不断拓展，中央权力的日益集中，政府为了维持自己的统治，必须让全国各地同时听到自己的声音。而恰恰每一个现代大国的历史，都写满了一场接一场的危机。危难之际，信差、鼓、信鸽全都派不上用场了。人类的 18 世纪，是个庞大王朝和种族群落得到巩固的时代，社会的需要也推动了电信试验在此期间得到了长足的发展。

法国是第一个成立中央政府的国家，它自然成为了远程传声的先驱。

1792 年春，一位名叫恰佩的工程师向法国国会提交了一份"可视

电报"的计划书。"可视电报"由几根木臂组成，可以固定在教堂的塔顶或山顶的一根横木上。通过绳子和滑轮的作用可以改变木臂的位置，从而拼出字母。报信员用望远镜观察到上面的信息，然后转送到下一座接收塔。就这样一直传递，直到信息成功地从一个城镇传到另一个城镇。

这种装置非常有用。在拿破仑时代，欧洲大部分地区的人们，都可以通过恰佩的信号机，"倾听"这位皇帝的可怕声音。

但是它也有一个很大的弊端，就是无法保密。镇上的流浪汉们常常聚集在教堂周围，猜测着塔顶的莫名信号，熟能生巧，最后他们居然也能像操作员似的，快速地读出这些字母了。没有办法，人们必须找到一种保密性更好的方法来传送信息。

就在这种报信机日渐衰落的时候，出现了一种叫作"电"的新玩意儿。在当时，每个城镇和乡村的角落里，都有不少默默无闻的天才苦苦钻研着，他们希望研究出借助电流传送信息的方法，并幻想着由此发家致富。在任何一间德国的实验室里，都能看到教授们埋头工作的身影，他们把妻子的最后一分钱也花在了电池和铜线上，一门心思地盼望自己能够成为第一个让声音同时传遍全世界的人。

在这场竞赛中，一位名叫塞缪尔·莫尔斯的美国画家脱颖而出。1837年，他用由自己的画架改装而成的电报仪器，成功地把声音传出了500多米远。一年后，当他认为这项技术已经完善的时候，便将这项发明提交给了国会。可当时国会正忙于其他的事务，直到六年后，国会才正式讨论并通过了此项发明。1844年，华盛顿与巴尔的摩之间已能通过电流彼此交流了。

当莫尔斯在实验室里忙碌的时候，欧洲各国政府却是一副漠不关心的模样。可当下它们也变得跃跃欲试了。今天，人类的声音已经简化为一点一画，并逐步渗透进了文明世界的每一个角落。此后，电报线很快又在水下开拓了自己的领地。人类一旦造出足够大的船，就能让它载上将近50千米长的电缆，并把这个长长的大家伙送入海底。到那时，纽约人会发现自己就住在伦敦旁边，而伦敦人也会有相似的感觉。

如果发展就此止步，那么在相当长的一段时间里，电报完全能够

▼塞缪尔·莫尔斯：美国发明家，莫尔斯电码的创立者，又被称为"电报之父"

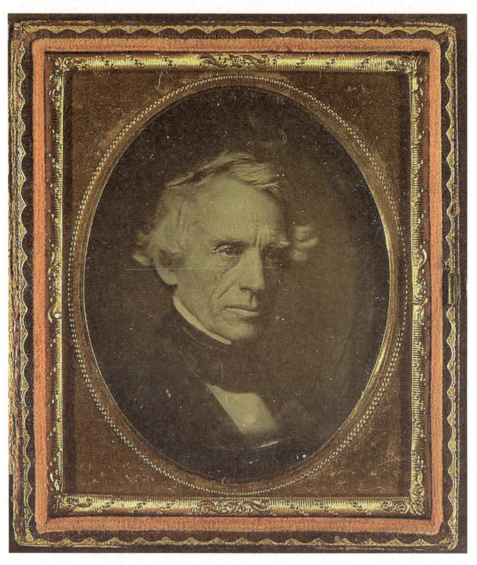

满足所有国际语言交流的需要。可随着"强化手"和"强化脚"的飞速发展，地球变得越来越小，于是新的需求也应运而生。电缆曾是塞缪尔·莫尔斯发明中的必备材料，可能不能抛弃这种昂贵的电缆，不依靠连线就能进行远程对话呢？这并不是什么新奇的想法，早在1795年的时候，一位名叫萨尔瓦的西班牙物理学家就向巴塞罗那科学院描述过这种想法的可行性。可是就像所有大名鼎鼎的学术团体一样，科学院一边"耐心"地听完他的陈述，一边将这件事抛到了脑后。

一代人之后，一位独立于西班牙同行的德国人试图让电流穿过水流，从而实现水下无线电通信。可问题在于，没人知道他在这个小把戏里使用的材料究竟有什么特性。直到人类最杰出的科学"神探"之一——亨利希·赫兹（他废寝忘食地工作，结果英年早逝）的出现，才最终为人们揭开这个谜题。尽管他没能解释电波究竟是什么，但是他已经找到了电波的运动规律，这本身就是一大成就。赫兹的著作出版后，无线电报的问题得到普遍关注，每个国家都想在探索中抢占先机。

▼ 伽利尔摩·马可尼：意大利无线电工程师、无线电发明者

直到有一天，意大利一位名叫伽利尔摩·马可尼的年轻人终于成功地将一个字母用无线电送过了大西洋，很快字母表中的其他字母也都可以顺利地进行传输了。今天，即便是浩瀚大海上的船长们，不管他们离陆地有多么遥

远，都可以听到上级的指示；即便是在密云中穿梭的飞机，也可以跟地面取得联系，及时得知风暴预警信息，就好像彼此之间的距离小得可以忽略不计。

正如一句法国谚语所言："胃口越吃越大。"一旦人们完成了"远程书写"的任务，就不会再满足于这个小把戏了，他们开始吵嚷着要一台能够进行"远程传声"的新奢侈品。

几千年前，中国人发明了一种玩具：两个竹筒，中间连着一条细线，可以让人声在几百米的距离内传播。这种玩具流传了很久，几乎每隔两三代人就会风靡一次，被视为"最时髦的创意"；但用不了多久，它又会莫名其妙地销声匿迹。这种玩具中世纪的人玩过，18 世纪的人也玩过。正当人们起劲儿地谈论着电流的巨大潜能时，这件来自于中国的古老玩具第 50 次，又或许是第 100 次出现在人们眼前，并畅销于每个偏僻的乡村。

这似乎为某些人带来了启示，他们认识到可以用这种方法将声音从一个地方传递到另一个地方。于是一位名叫飞利浦·莱斯的条顿人在改良这个声音传送工具的道路上迈出了第一步。这个传声器效果不错，飞利浦还给它起了个名字——电话。

15 年后，一个名叫亚历山大·格雷汉姆·贝尔的苏格兰移民（他住在波士顿，在聋哑学校里当老师）发明了今天的电话，彻底解决了声音的传输问题。

人类究竟是如何将原本必须依靠电线来传播的声音，转而用无线电来传递的呢？这对我们来说真是太不可思议了。这是最近发生的事情了，在这里只是提一下，不做深入讨论。

但今天，即便是将世上留存的书籍全部销毁，借助"强化嘴"的力量，人类仍能了解到先人们所做、所想、所说的一切。也许当美国的覆盆子专家告诉北半球的人如何不用烧糖就能做蜜饯的时候，火星和土星上的居民也正在一旁侧耳倾听呢。

▲ 亚历山大·格雷汉姆·贝尔：英国科学家，电话的发明者

现在该谈到本书最重要的部分了。我之所以将它放在最后，是因为它无比重要，很难长话短说地解释清楚。

既然我们无法确定祖先们开口说话的确切时间，那么对于说出的话可以保存、脱口的声音可以抓住，并得以留存且造福后代的事实，他们究竟是如何意识到的，就更难追溯了。

我们生活的时代被称为"纸张时代"，我们沉溺于白纸黑字的印刷世界中。如果没有了图书、时间表、订单、电报单、电话簿、报纸、杂志，没有了无数布满圈圈点点的小片干纸浆，也就没有我们的现代文明。

对生活在 1928 年的现代人来说，让他们回到没有纸张的时代简直无法接受。如果我们把人在地球上存在的时间长度看作 12 个小时，也就是从半夜到中午这么短的时间的话，那人将思想物化为文字的技术才刚刚发明了 90 分钟而已。

但文字是怎么被发明出来的，是谁在何时何处发明出来的，仍然是未解之谜。在未来也仍旧如此，除非我们对祖先们的文明能够有更多的了解。祖先们究竟会不会写字？如果他们会写，那么在他们的洞窟里，或是混杂在墓穴骨头里的那些奇怪的彩色卵石又会是什么意思呢？

答案不得而知。

我们几乎每年都能听到这样的消息：某位教授终于找到了解开谜团的钥匙。随后学术界一片欢腾，以为人类的历史终于又可以向前推进 10 000 年或者 15 000 年了。但用不了多久，人们就会发现，新理论漏洞百出。在认真考证了正、反两方面的意见后，人们终于认识到，这一新发现毫无根据，一切必须重新开始。

这种情况就如同中世纪的人对待象形文字和巴比伦楔形文字的态度一样。直到出现了像托马斯·扬、商博良和罗林森这样读起楔形文字和古埃及文字就像看报纸一样容易的杰出的考古学家，这样的情境才有所改变。

我毫不怀疑，总有一天这个谜题会被解开，也许就在明天，也许还要等上 100 年。我们能做的就是要么肆意猜测，要么闭口不言。

对西班牙和法国古老洞穴的研究告诉我们，人类从学会制造工具的那一刻起就开始画画了。有些图画甚至表现出了相当高超的技巧，以至于有人指控这些布满乳齿象、鱼和鹿的画廊，是发现它们的考古学家为了出名而伪造的。现在我们清楚了，这些绘画都是真实的。随着时间的推移，我们还会发现更多这样的原始画作。

但是这些图画究竟是什么意思？它们是否代表着远古人类曾经有意识地尝试着把抽象的思想转化为一种具体的、可以长久留存的表现形式？

可能并非如此。

这些图画更可能与巫术（通灵术）有关。人们在出门猎杀野猪和大象之前，先画出它们的样子，希望以此对它们施以魔法，从而成功将其抓获。这就像中世纪的统治者们会制作敌人的蜡像，然后在上面插满细针一样。

因此，这些壁画并不是早期图画式语言的遗迹，而是当时宗教精神的体现。它们实际上是在讲一个故事（所有绘画都是如此），而不是在试图将思想变为具体可见的形式。

第二个问题就这样出现了：图画从什么时候开始不再是单纯的图画，而成为思想的一种载体？

一个现代的例子可以说明，要想明确区分这两种绘画形式，是一件多么困难的事情。在欧洲的很多山路边上，你都会看到绘有图案的路标，简明地告知行人有关道路的各项信息。其中有一种图案，画的是一幅圣徒像。这幅画的来历可能是这样的：曾有一位流浪者（500年前死后葬在此地）在这里遇到了飓风，一位好心的圣人救了他的命。这位流浪者心怀感激，于是就请人画了一幅圣人的肖像，他要通过这幅画，把自己一生中最重要的事告知所有路过的人。另一个图案是一个反写的"S"，是当地一家汽车俱乐部竖起来的。司机们一看就能明白它所传达的意思：当心！前面是一段危险的弯道。

两幅图都是在讲故事，但是其中一种已经接近了文字的起源。

下面让我再举一幅图画的例子。

在冰川期的某悬崖一侧，刻着一幅图画，这幅画记录了一位猎人留下的信息。我试着回放当时的情景——他和同伴们走散了，这时，他突然发现不远的前方有两只鹿。他想追上去，可又离同伴们太远，没办法扯着嗓子喊："嗨！听着！我追两只鹿去啦！"

走远的同伴听不到他的呼喊，必须另想别的办法才可以。于是，他草草地在岩石上画了起来。这幅画就像一封信，记录了如下的信息：

我在湖边看到了两只鹿，我去追它们，不用等我，我会回来的。

如果丛林居民（他们都是杰出的艺术家，留下了大量这样的画作）常常能碰到这种机会来传达信息的话，或许他们终能发明出一套图画式的语言，其中的每个符号都会代表一个确定的词，而这个词以前仅仅是作为口头语出现的。但前提是，他们是否能常常碰到这种传达信息的机会。

同一幅画必须反复出现，才能够让人产生灵感和联想。用图画这种具体的形象来保存转瞬即逝的口语，在极为简单的原始人群落中，这种事情几乎不可能发生。许多部落因为缺少研究这一问题的足够机会，与发明文字失之交臂了。为应对紧急事件，他们尝试了各种不同的方法。在美洲大陆，秘鲁印第安人发明了一套记录国家人事的方法——在彩色绳子上打结，每个结都代表着一个确定的含义。中国人常常会对一件事情深思熟虑，所以他们发明了一套复杂的表达体系。这套体系包含了成千上万幅小图画，每个图画都代表了一个字或一个完整的含义。虽然这种做法已经朝正确的方向迈出了一步，却会迫使这个国家的知识分子们必须先记住三四万幅图画，否则就不敢大声宣布："是的，对于读写，我略知一二。"

总之，全世界都在迫切地寻找一种能用来记录口语的简便方法，这最终由埃及人付诸实践。至于埃及人的想法是否借鉴了其他民族的灵感，我们就不得而知了。

除非我们能够掌握大西洋里那块古书，也就是我们不断提及的神秘大陆——亚特兰蒂斯的更多信息，否则第一个发明象形文字的功劳，无疑应该属于埃及法老的臣民们。记录是其最初的功用，只有祭司及其传承人才有使用的权力。随着时间的推移，一种更简单的象形文字系统发展了起来，而且与官方认可的象形文字并行于世。可对商业贸易和日常生活来说，这种被简化了的文字还是太过复杂，要想完全记住它们仍不是一件容易的事。所以，人类还要多多感谢腓尼基人，若

▲ 象形文字：最初仅仅是一种图画文字，后来才发展成象形文字——由表意、表音和部首三种符号组成

不是他们，天知道我们还要多久才能等到字母表的诞生。

这些做转口贸易的生意人才不关心什么是艺术，可他们却给我们带来了一项很有用的发明，有时，历史是喜欢开这种玩笑的。不过我们也有足够的理由相信，为什么是腓尼基人，而不是埃及人或巴比伦人首先想到了问题的解决之道。

腓尼基人是天生的商人，在他们的生活中，需要用简便易行的符号系统来记录协议和合同，时常还要给地中海沿岸各居民点里的代理人发送信函。可以想象，当他们在商函中谈论橄榄油和萨莫色雷斯的山羊皮时，是绝对不会把时间浪费在"画水彩画"上的。而且对这些商人来说，他们有条件从埃及客人那里借来一些神圣的小图画，并把它们简化成便于速记的符号，再加上自己创造的，以及其他致力于这项研究工作的人所发明的符号，就组合成了一套由点、线、钩组成的语言存储系统。这个系统能有效地捕捉人们嘴里发出的每个声音，并

用一种具象化的方式记录下来，用来造福自己和子孙后代。

　　现在，借助西欧字母的帮助，我们几乎可以记录下每种语言的每个语音。虽说这个体系并不完美，我们也许还可以从俄语里借几个字母来补充，但是可以做到无论嘴说了什么，手都可以进行记录。

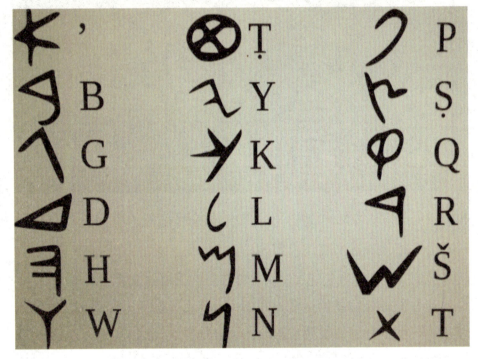

▲腓尼基字母：腓尼基人创造了人类历史上第一批字母文字，共22个字母

　　从此，知识变成了不朽的日用品。

　　从此，我们变得越来越博学。

　　从此，我们甚至开始期盼，或许自己也能变成智者。

　　文字从本质上来看就是一种图画，它的成功绝对离不开记录它们的载体。

　　埃及人可以将象形文字写满墓穴和庙宇的墙壁，可是提尔①城的商

－－－－－－－－－－－－－－－－－－

　　①提尔：古代腓尼基著名的城市。

人们的那些关于把科林斯葡萄干和阿提卡月桂叶卖给迦太基批发商的详细账目，却需要更为轻巧的材料来书写，以便能装进行李，把它们带上船，或驮在骡子背上。

事实再次证明，需求是发明之母。中国总是领先于世界上的其他国家。中国人率先发现，植物纤维具备用来制造一种适合于书写和绘画的材料的特性。于是，他们发明了纸。公元前3000年，埃及人开始用长满尼罗河三角洲的纸莎草造纸，以取代庙宇的墙壁和棺材盖板。可是腓尼基人依着自己的天性，再次把这个行当抢到手里。很快，腓尼基的哥巴尔城，也就是希腊人所说的比布鲁斯，变成了莎草纸的制造中心。这个标签一直留存至今。跟地中海东部的大部分城市一样，比布鲁斯城早已消失在历史的长河之中，但是其主要出口产品的名字却保留了下来。甚至《圣经》的名字（Bible），都是源自这座曾经生产出最好的莎草纸、绳索和防磨垫的城市（Byblos）。

至于我们现在使用的布浆纸，是很久之后才传到欧洲的。它也起源于中国，途径撒马尔罕、阿拉伯半岛和希腊，一路向西，传遍了世界。

当然啦，要想把思想保存起来，光凭纸张显然不够，还需要能够记录下这些符号的工具。在日常生活中，罗马人通常使用小蜡板和铜刻刀来记录。如果恺撒大帝邀请你赴他的家宴，就会派一个女仆送邀请函给你，而邀请函则是刻在小板子上的。如若是官方的活动，就会使用埃及莎草纸和一种墨，据说这种类似油漆的墨也来自于埃及。在造墨的领域里，中国人仍然走在了最前列。他们发明了一种由树胶和炭混合而成的物质，可以写出又黑又亮的文字。可是我们可怜的中世纪的朋友们只能凑合使用一种由鞣酸铁和乌贼分泌物混合出来的奇怪液体。直到15世纪，求知欲被重新点燃，人们这才开始使用体面的墨水和铅笔。

从那时起，书写不再是学者们的特权，开始成为全世界最受欢迎的室内活动之一。每个人都拥有思想，并渴望为后代留存下来。人们开始疯狂地奋笔疾书，这推动了现代钢笔的出现。由于鹅毛笔尖很容

易损坏，于是人们急切地要寻找一种更为耐用的替代品。直到 19 世纪，人们才终于如愿以偿地使用上了钢笔，从而让书写的热潮席卷了全球。可即便人手写得速度再快，也无法满足人们互相交流和倾诉的需求，于是人们自然想到了用机器来完成写字这件事情，好把因连续握笔而酸痛不已的手指解放出来。此刻，打字机的出现，回应了白领们的呼声。以前他们写上 10 页就会手指酸痛，可现在，却可以轻轻松松地打上 30 页，而且打印的份数随意设置。说到这儿，就不得不提一下印刷术的发明了。

印刷术的发明给人们留下了深刻的印象，它简直就是上帝的恩赐。当时人们迫切地想买到便宜的书籍，德国发明家古腾堡先生发明了用铜活字和印刷机复制文字的方法，让每个人都能支付得起书的价格。从那以后，历史学家们一直把赞美古腾堡先生的话放在嘴边，说他是人类最伟大的造福者之一，因为他耗费大量心力，自己却获益不多。

但是，印刷术是一种不可避免的发明，是我们拓展自然之力的结果，只要人们需要，它就会应运而生。因此，虽然将繁重的抄写工作从人手转移给机器的人值得称赞，但最早想到把思想也像用制作沙丁鱼罐头一样的方式保存起来的人，无疑是更值得大家称颂的英雄，也更值得人们为其竖立雕像，予以纪念。

我们连他的名字都无从知晓，更别说提起他了。

他是谁，住在哪儿，在哪儿去世，又有什么关系？

难道不能给无名的科学家树一座丰碑吗？

既然我写这一章的目的不为赞扬美因茨珠宝商，也不为赞美阿勒姆教堂司事（他们俩为谁应该获得第一个使用活字印刷术的荣誉而争得不可开交），那么我就可以直截了当地说，印刷术的出现比我们想象得要早很多。

中国人是使用雕版进行印刷的先驱。早在十三四世纪的时候，因为徒手把一张画反复画上千遍实在是太耗费时间了，所以当地的画家

就把圣人的画像雕刻在小木块上，用它来印刷复制品。

随着知识的不断累积，更重要的是 15 世纪时商业的复兴，人们迫切需要一种既价格低廉，又能高效快速地复制文字的方式。印刷机发明后的处女作就足以证明这一点。它是一份商业文件，一份空白的赎罪券，跟电话服务申请表很像。这种文件动辄就需要几十万张，可以想象，如果全部用手抄写的话，要花费多大的成本。

但有悖于发明的初衷，印刷机成了一个沾满油墨的嘴巴，不断地向外界吐出信息、指令和娱乐新闻。就像人的嘴巴一样，它既能字字珠玑，也能蠢话连篇。

也许印刷术永远不会被淘汰，不过它注定会因为收音机这项"人造嘴"的发明，而大受影响。

收音机诞生的时间不长，所以还很难预测它对我们未来的影响，但是它无疑夺走了"嘴巴"过去拥有的全部荣耀。跟手脚一样，嘴也是自由的，有胡言乱语的权利。不过这些都不重要，重要的是，经过 4000 年的发明历程，人类似乎终于回到了起点。

起初，人们用声带传递知识；随后，人们开始使用印刷文字；现在，人们又重新开口说话了。

不同之处在于，以前人们只跟围在篝火旁的本部落的族人说话，可现在，人们的听众是几百万人。理论上来说，人们完全可以同时跟地球上的每一个人讲话。

这可真是个了不起的成就，它给人们带来了希望。

今天，凡是发生了重大事件，越来越多的人都会选择收听新闻，这很可能令另一种"强化嘴"——报纸的地位岌岌可危。

早期的报纸真算得上名副其实。一些非常重要的信息不能随意地交给镇上的公告员处置，于是人们就把它们印在纸上，张贴在商店的橱窗外供人阅读。也许大家在买一磅[1]烟叶的同时，还可以顺便和店主讨

---

①磅：英美制质量或重量单位，1 磅 =0.453 6 千克。

论一下纸上的内容。随着各类商品的价格日益依赖于世界政局，一些有远见的公报撰稿人便在主要的商业中心设置了常驻记者，记者们每周会分两次或三次，把重要的信息提供给雇主。雇主就用一小箱活字、一品脱①印刷墨水、一台印刷机把这些信息印刷出来，然后站在屋顶上大声叫卖，把这些信息卖给人群中的少数——几千个能买得起报纸的人。

　　现在，这一人数已由几千发展到了几百万。如果一天中没发生那么多重大的新闻事件，没法填满这六七十页纸，那么剩下的版面就只能以各种方法来取悦读者了。

▼报纸：大众传播的重要载体，具有反映和引导社会舆论的功能

　　这章似乎太长了，不过在结束之前，我还得说说另一项发明，它也与人们保存信息的热切愿望密切相关。

①品脱：英美容量单位，英制 1 品脱 =0.568 3 升，美制 1 品脱 =0.473 2 升。

我在前面提过，图画就是用线条和色块来讲故事。如果我潜入大洋底部发现了一种新鱼类，我会用某种语言向大家描述。这种语言经过了长期的使用，大家都可以听得懂。或者，我也可以把语言转化为黑白符号，把它们工整地写在一张纸上，学过这些符号的人，也会轻而易举地了解到我在说些什么。又或许，我可以拿起笔，把这只多刺的怪物画出来，也能相当直观地告诉人们，我究竟在海底看到了什么。

早在人类得知眼睛与耳朵同样可以感知信息的时候，就已经了解了图形和声音也具备同样的功能和用途。

孩子们在接受教育之前，只是些蒙昧的小野人。事实上，大多数孩子都必须经过几年的涂鸦阶段，才能学会用读写来表达思想。在人类发展的幼年时期，整个世界就好像一个墙面上满是图画的巨大育婴室。

古代人充分认识到了图画传达信息的价值。希腊人和罗马人只把读写的技能传授给真正需要知识并且能够加以理性运用的人。他们绝不会逼迫一个一辈子都用不着收发信件的农民花上 5 年的时间，在一间不透气的教室里学写自己的名字。

中世纪的人们也是如此。既然有些人听不懂别人高深的言语，那么就用画面来表达好了。但随着受教育的人越来越多，对讲述圣人生平和祖先丰功伟绩作品的需求也越来越大，这就要求人们借助机器的帮助来增加圣像的产量。正如我在前面说过的那样，印刷术的诞生，解决了这一需求。人们只需一块木版就可以印刷出两三千张画了。

可是这种方法只限于表现虚构的事件，要想表达严谨的科学，就不那么奏效了。没人质疑以巴别塔为主题的木刻，那是因为巴别塔只存在于传说之中，不同的艺术家可以有不同的表现。但若想满足学习栉水母门动物或人体解剖的学生的研究需要，我们就必须把瓶子中的水母或胳膊上的肌肉尽量还原得精确逼真。

这种需求，导致人们进行了大量的实验。这些实验都尝试用图像

▲巴别塔：《圣经》中描述的人类建造起来通往天堂的高塔

的形式，忠实地记录下那些生物和非生物，因为这比用语言和文字的描述，来得更为准确。

在很长一段时间里，实验进行得并不顺利。研究者利用镜子、透镜和暗室的帮助，可以暂时把景物捕捉到玻璃上。如果想要做到从可以"捕捉"到能够"保存"，仅凭当时人们所掌握的技术，是无法实现的。光一旦消失，影像就无影无踪了。

直到100年前，幸运女神决定插手此事，给我们这些执着的可怜人指出一条走出困境的光明之路。当时有两名坚忍的法国人，他们长期地进行着各种化学试剂的研究。虽然他们找到了几种溶液，可以捕捉到反射在玻璃片上的影像，却还是无法保存这些影像。一天，路易·达盖尔在无意之中将几块曝过光的光敏玻璃片放在了装有一瓶水银的柜子里，后来他吃惊地发现，这些感光片发生了从未有过的变化。这不

可思议的发现，指引了他进一步进行化学研究的方向，并最终导致了一门用光影来绘画的艺术——摄影技术的发明。

▼路易·达盖尔：19 世纪法国发明家、艺术家和化学家，发明了摄影技术

从此以后，我们就能为故事配上逼真的图片，来更准确地描述内容了。而在此之前，故事的准确性全依赖于不太可靠的语言和文字描述。

这一新技术得到了广泛的传播，所到之处皆是一片赞扬声——人类迈出了重大的一步。此时，化学工业也从古代炼金术士的实验室里光荣毕业，慷慨地向"用光书写的人"施以援手。

随后人们又发明了很多机器，用来记录诸如静坐、赛跑、射击等动作。他们不断地改进移动摄像机的功能，直到它们能够更快、更好地用一幅幅影像来讲述曾经发生的故事。这种功能是语言——无论是口语还是书面语——无法企及的。

在进行了无数次录制和重放声音的实验后，爱迪生发明了留声机，从而把"故事讲述"和"图像讲述"结合起来。从此，所有人做过和说过的事儿都可以被永久保存了。

但我们不能固步自封，因为科学的黄金时代尚未到来。

如果可以打个比方的话，我想说，人类的嘴巴完全有资格躺在荣誉簿上休息了。它聪明地强化了自己的力量，不管它发出的信息正确与否，人类都因此紧密地联系了起来。

—— ◆ 第六章 ◆ ——

鼻子
BiZi

　　本章的内容会很简短。鼻子能够产生嗅觉，可是嗅觉似乎无法拓展和强化。或许在本书出版之后，我能想出十几个与增强鼻子能力相关的发明出来，可现在我什么都想不起来。这样一个有用的器官竟然遭到如此忽视，我真是百思不得其解。也许原因在于：不同于其他器官，嗅觉这个生物史的遗产并没有受到文明进程的削弱。

　　我认为，即便是在今天，在我们与他人交往的过程中，鼻子仍然是忠诚又可靠的向导，可我们往往不愿承认这点。大多数人觉得鼻子不够文雅，因为它让人们联想起感冒，还让人痛苦地想起自己与低等动物的密切联系。很显然，这些低等动物完全靠嗅觉来过日子。同样，如果你暗示一个人的公共行为完全受自己的鼻子来支配，那一定会让他愤怒得跳脚，这就像在公共会议上，你坦白地指出对方简直跟某种哺乳动物没有什么区别一样。对于这个话题我们就此打住。或许1000年后我们会变得更聪明，会将注意力放在挖掘嗅觉的潜力上去。

　　今天我们还不够聪明，在展示人类各项能力成就的博物馆里还没有鼻子的一席之地。可怜的鼻子是人体器官中的"灰姑娘"，它站在外面流着鼻涕，包揽了无数艰苦的工作，可除了偶尔拂过的一块香巾之外，它一无所有。

---- 第七章 ----

耳朵
ĒrDuo

　　从人工增强人类器官的力量的角度来看，耳朵也乏善可陈。但因为有许多发明都是为了无限增强人的听力，所以它比鼻子的境遇要稍好一些，其中大多数发明都是最近才出现的。

　　就拿人造耳来说吧，它可以预先捕捉到人耳觉察不到的飞机螺旋桨的声音。航天事业的发展无疑让我们越来越关注远程听觉技术的发展，但直到十多年前，甚至更久之前，我们都在努力让听觉变得更为精细，而不是更为广泛。与耳朵有关的几项发明都是如此。

　　可能有人会质疑，说电话和收音机的发明应该归入本章，而扩音器作为一个放大的耳朵，似乎也更应该归入此列。但我觉得，这些工具的主要目的是将嘴巴发出的声音远距离扩大，所以准确来说还是应该属于嘴的功能范畴。这些工具将嘴巴的能力大大增强，而作为听觉器官的耳朵还在原地踏步。这样看来，除非有确凿的证据反对，我先保留这样的归类。下面我就介绍几项发明，它们都是为了满足"听得更精确"这一需求的直接产物。

　　水能够很好地传导声音，所以最先意识到强化耳朵价值的，自然是住在海边的人。古代的挪威人似乎很早就获得了水下传声的经验：如果一个人在水下敲打木船壁，很远之外的另一个人把耳朵贴在海面下几英尺的船体上，就能够听到这个声音。即便在今天，如果北大西洋某些地方的海面雾气弥漫，那么被迫停航的帆船仍然可以采用这种方法来彼此交流。

　　不过对于大型远洋轮船来说，这种方法就显得太小儿科了。它们

会用各种各样的电力装置来提高听力，这些设备承担了许多过去手和眼的工作，例如探测水深、排查暗礁、探测陆地距离等。

　　陆地上显然用不上这些设备，不过即便陆地上有，也很难预测它们在现代喧嚣的城市当中到底能不能派上用场。但是医生在安静的诊室里，可以用听诊器增强自己的听力，听到很多眼睛和手无法捕捉到的信息。沿着这个方向，我们也许会做出更多有益的发明。

▼听诊器：法国医生拉埃内克于 1816 年发明

　　也许还存在一些其他我不知道的增强听力的工具，但是请不要再提电话录音机了，因为我觉得这种高级的侦察工具似乎并不适合在本书中出现。我知道它的确存在，而且在电影中被侦探们广泛运用，帮助他们挫败阴谋、揭露造假者。但无论如何，我们最好还是别把它列入本书吧，因为本书旨在讲述人类的进步历程。

---- 第八章 ----

眼睛
YanJing

我们生活在大气"海洋"的最底层，这个"海洋"是如此浩瀚，以至于没有人能到达"海面"。在每天的一段时间内，这片大气"海洋"都会受到阳光的照耀，于是我们就能看见地球上的万物。除了光之外，我们能看到东西还因为我们的脸上长着的奇形怪状的器官——眼睛，正是它们让我们拥有了视觉。

我说不清"看"到底是怎么回事，我只知道红色以每秒 3920 亿次的脉冲在视网膜上投射，紫色以每秒 7570 亿次即差不多红色的两倍的脉冲投射；我也不想讨论某些著名医生的断言，他们认为眼睛是自然界最笨拙的器官，还说任何一流的光学设备都比眼睛有用。如果情况属实，那么科学界中这一点流言蜚语还是挺有意思的，不过它不在本书的讨论范围之内，所以我们也没必要深究下去，还是继续寻找眼睛的最初用途吧。

我们最早的祖先仰望星空，满腹疑惑地想弄明白为什么星星会发光。

他们当然知道眼睛的用途，正是眼睛的存在，让人能观察到近距离的物体。他们也一定意识到了，正是位于鼻子（能够追踪野兽气味）两侧、嘴巴（能够用来吃东西，还能在危险时发出警报，并向同伴传达恐惧）开口上方的两个圆球，让自己拥有了"观察和识别的能力"。

这种观察力到底是什么，50 万年后的我们并不比祖先们了解得更多。不过有一点是可以肯定的，那就是脸上的两个圆球必定是产生这种能力的源泉，因为眼睛一闭上，世界就一片黑暗了。因此祖先们常

常将那些脸被老虎或熊抓伤的人杀死，因为这些失去生存能力的人会成为负担，会让整个部落面临危险。

他们必定也意识到了，当太阳沉入遥远的地平线后，嘴巴和鼻子上面的那两个小圆球就失去了作用。

似乎有的动物在夜间也能看到东西，但人类这一物种却没有这个优势。因此，当白天结束的时候，他们就只能缩回自己的巢、穴或其他安身之所，等待着第二天的曙光。

后来人们发现，不仅燃烧的树丛可以用来保存火种，人工的方法也可以生火，于是黑夜就不那么可怕了。这样，用火把来代替白天的阳光，人眼的能力就得到了强化。但用火把照明还不那么理想，它虽然是一项重要的发明，但只不过是个小小的开端。人们曾经试过用各种可燃物来照明，但收效甚微，直到有人发现只要把一根纤维物放进一碗油里点燃，如果油不尽，纤维就不灭。就这样，希腊人的灯或火把演变成了现代的灯。

《荷马史诗》中的英雄们曾在火把摇曳的光亮下大摆宴席，400年后，无数小油灯发出的柔光足以将神庙照得灿烂夺目。又过了100年，每个设施齐全的家庭都少不了油灯。而在深深的地下，悲惨的奴隶被铁链拴在矿壁上，借着手提灯发出的忽明忽暗的光亮，辛苦地挖着煤或铜。

在差不多1000年的时间里，烟熏火燎、臭不可闻的油灯成为我们唯一的照明工具。后来，油灯的形状开始变化，并逐渐演变成蜡烛。蜡烛其实就是油灯，灯芯没有变化，只不过里面的煤油被换成了油脂。

12世纪的时候，这种人造光源翻越了阿尔卑斯山脉。到了13世纪中叶，它在全世界得到了普及。此后的几百年里，它为黑暗中的人眼提供着独一无二的帮助。

在此期间，人们还尝试了用许多物质来代替油脂，但是只有蜂蜡符合条件。可惜蜂蜡过于昂贵，只有教堂和皇宫才用得起。

▲煤油灯：电灯普及之前的主要照明工具，以煤油作为燃料

即便是这样，蜂蜡也只能驱散几平方米的黑暗。随着大众生活条件的不断提高，越来越多的人希望自己比家里蓄养的牲畜晚睡那么几个小时，这就需要有更好的照明方法来打发漫长的黑夜。

最终，仍然是史前能量宝库（此时这一宝库刚刚驱动起上百万台引擎）解决了这个问题，只不过使用方式跟我前面提到的有所不同。早在 2500 年前，希腊的物理学家就已经意识到某种无体积、无形状的不可见物质的存在，但是他们对这种未知物质充满疑惑，认为它是弊大于利的神秘力量，压根儿不想将它用于日常生活。

"元气""气场""灵气"，不管这种物质叫什么名字，对于中世纪的炼金术士来说，它都是上帝的恩赐。它发出的奇怪火焰能够帮助术士们从固执的顾客手中骗钱。有位"老惯犯"非常精通于制造这种"发射光"，一次偶然的机会，他发现了我们现在叫作"二氧化碳"的物质。这种物质令他印象深刻，于是他便给它取了一个响当当的新名字——"气"，这个词源于希腊语"混沌"一词。

虽然范·荷尔蒙特这个名字早已被人们遗忘，但是他命名的"气"这个词却保留下来。但今天我们说到"气"这个词的时候，常常专指从煤中提炼出来用于照明的"煤气"。早在17世纪的时候，人们就注意到了煤气的可燃性，不过当时这个发现因显得过于超前而不被接受。那时，有人往猪的膀胱里灌进煤气，以便在乡村集会上进行作为串场节目的灯火表演，但是普通人还是很害怕这种危险的气体。他们认为这种气体来源于地狱的裂缝，如果在屋子里使用的话，一定会因此窒息而死。

法国大革命时期，气球被广泛应用于军事。一位比利时物理学家曾尝试用煤气来代替热空气填充气球，实验结束之后，他用剩下的煤气为自家照明。人们对这种试图将黑夜变成白天的举动嗤之以鼻，直到拿破仑战争结束后，煤气才开始普遍用于房屋和公路的照明。即便是这样，这种照明方式还是遭到了成千上万人的极力反对，教会中的权威们成为反对者们坚强的后盾。

这些声名显赫的神学家们找出一大堆理由来反对这个新的照明系统。他们反对的主要依据是《圣经·创世纪》中上帝创造了白天和黑夜，他们

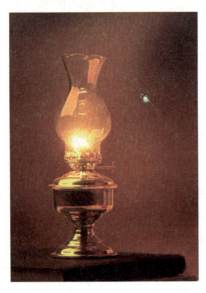

▼煤气灯：它的发明使人类的照明方法向前迈进了一大步

▲绘画：《创世纪》局部，意大利著名画家、雕塑家和建筑师米开朗基罗绘

认为这种混淆黑白、妄图改变上帝创造之物的尝试，实在是傲慢自大、亵渎神灵。

阻止点灯人上街工作的最绝妙的理由，是由科隆城的统治者提出的。他辩解道，用煤气照明不仅有悖基督旨意，更是不爱国的表现。他由此推论，那些住在靠煤气照明的城市里的人们会忽视节日彩灯，而节日彩灯却是激发爱国主义热情和对统治王朝尊敬之情的源泉。

今天看来，这些借口实在是荒谬至极。现在，每当夜晚到来，煤气代替日光为全世界带来光亮。在煤转化为电能的发明出现之前，煤

气灯的地位一直无可超越。在电灯发明之后，人们只要轻触开关，就可以将整个城市照得灯火通明。

　　人眼终于摆脱了黑暗的诅咒。可每当人类冲破某种束缚时，他们就开始毫无节制地滥用获得的自由。从前，眼睛每天只需要工作七八个小时，现在却被迫通宵达旦地看书。可怜的眼睛不堪重负，很快就精疲力竭。那些在一天 24 小时里要花大部分时间来阅读的人，急需增强眼睛的能力，眼镜就这样诞生了。

　　一般认为，英国人罗杰·培根是眼镜的发明者，但我们还不能肯定。培根是 13 世纪为数不多的独立思想家之一，因此人们喜欢把 1214 年至 1294 年间出现的一切新事物都归功于他。不管怎么样，眼镜在很长一段时间里的作用并不大，被人们当作奢侈品而不是必需品。因此，它既是帮手，又是障碍。因为人人都有虚荣心，所以还是有成千上万

▼单片眼镜：也被称为"单照"

的人在使用。在 95% 的人都不会读写的年代，在鼻梁上架上一副眼镜可真是一件时髦的事情。他们似乎在向买不起眼镜的穷家伙们炫耀着：瞧啊！我多么勤奋好学，把视力都搞坏了！

社会上这种普遍的虚荣之风，也带来了人们对眼镜的偏见，这种情况一直持续到现在。反对者把佩戴这种抛光玻璃做成的"眼睛"看作装腔作势的表现，为真正的男子汉所不齿。对于这点，亨利希·海涅①一定深有体会。他曾去拜访魏玛哲人歌德，却被告知：如果不摘下眼镜，就别想见到这位伟人。

现在让我们进入更严肃的话题，讲一讲人类为了增强视力所做的真正重要的尝试。正是这些不懈的努力，让人类得以看到自然界最为隐蔽的秘密。

电的应用为人类发明"千里眼"提供了条件。这种"千里眼"就是我们所说的探照灯，它能帮助我们在夜间探查海面和天空的情况。但是探照灯主要用于军事，在日常生活中派不上用场。与之相比，另外两项关于"强化眼"的发明要更为实用，应用范围也更广泛。

在浩渺的宇宙中，人类只是一颗小星球上的卑微囚徒，他们对外

▼探照灯：一种用于远距离照明和搜索的装置

————————————

①亨利希·海涅：19 世纪德国著名诗人、散文家。

面的世界充满了好奇，但是最初却只能凭肉眼来观察星空。从天文学的成就上来看，巴比伦人、埃及人和希腊人要么拥有极好的视力，要么观察力卓越，因为他们的观察结论都很准确。可他们的观察范围毕竟有限，因为他们只能依靠肉眼，而且完全没有任何强化视力的人造工具来帮忙。

博学的罗杰·培根不只发明了眼镜，还描述过一种制造望远镜的方法。我们无从得知他是否真的做出过这样一个机器来消遣，毕竟他非常忙碌，而且他一度贫困潦倒，没有能力投入昂贵的光学实验。

总之，在培根死后的 400 年间，没人想到要制作一架望远镜。随着宗教改革的狂潮退去，人们终于能喘上一口气，沉浸在渴望已久的科学思索之中了。这时，小船已经能在世界七大洋的各个港口和海岸间穿梭往来，水手们急需一个能让他们看清远方的工具。当时许多低地国家海上贸易繁荣，他们的航海水平已十分高超，因此由这里的人们发明出望远镜就不足为奇了。

望远镜从荷兰出口到欧洲各地，其中一个到了伽利略的手中。伽利略由此做出的发现足以证明：天主教方济各会的领袖禁止培根继续进行

▼单筒望远镜：一种通过收集电磁波来观察遥远物体的仪器

应用物理学的危险研究并非全无道理，因为伽利略利用自己制造的望远镜（与我们现代望远镜相比，无异于小孩子的玩具）把可观察天空的窟窿扩展到几千千米的范围。由此，认为地球、它的行星姐妹，以及燃烧的小太阳有多么重要的想法被完全颠覆，人们需要重新认识整个宇宙。

可是，大多数人宁愿给伽利略和他的天文学家同行们扣上"危险激进分子"和"背信弃义者"的大帽子，想方设法阻止下一代接触这些"无耻的学说"，也不愿意改变自己固有的观念。

▼望远镜：19 世纪发明的望远镜，藏于内蒙古满洲里的俄罗斯艺术馆

与以前一样，人类神圣的好奇心最终取得了胜利。他们在扩展视力范围的道路上一路前行。直到今天，人类虽然还是无法弄清楚自己身在何处，但在巨大的天文望远镜的帮助下，人类已经能够隐约意识到自己将去向何方了。

现在，当一些人致力于研究如何看得更远时，另一些人则在致力于寻找看得更细微的办法。因为一旦人们确定了地球之外还存在着另

▲ 天文望远镜：观测天体的重要工具。随着望远镜在各方面性能的改进和提高，天文学也经历着巨大的飞跃，迅速推进着人类对宇宙的认识

一个世界，这个世界处于我们的视野之外，而且如此遥远，以至于我们无法用肉眼看到，人们就会怀疑：也许还存在着一个由极小的微生物构成的世界，如果不借助一种强化视力的仪器，就无法看到它。

对于这一研究方向，希腊人第一次提出了猜想。可惜的是，他们没有合适的透镜，这些猜想未能转化成为真正的知识。

在探索如何增强视力的过程中，古人使用最多的方法就是将空心的透明球体装上水，透过它看东西。不过这远远无法满足需要。

但是，透镜的发明将人们引上正途。经过 400 年的反复试验，终于在 17 世纪上半叶，一位名叫列文虎克的荷兰人把几个透镜组合起来，从而将几千年前就预测到的微生物真实地展现在人们的眼前。

这种新仪器被命名为"显微镜"。第一台显微镜非常简单，不过很快就得到了很大改进。大约在我写这本书时的 50 年前，我们终于利用显微镜发现了最邪恶的敌人——细菌。人类尚未观察到所有的细菌，因为即便日后出现了功能更为强大的显微镜，也仍会有一些穷凶极恶的细菌族群隐藏在我们视力无法达到的地方。

威廉·康拉德·伦琴[1]教授的非凡发现使我们能够把人看"穿"。

①威廉·康拉德·伦琴：19 世纪德国物理学家，他发现了"伦琴射线"，即 X 射线，于 1901 年获得诺贝尔物理学奖。

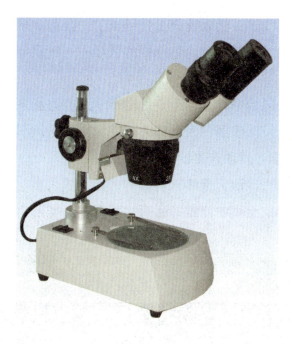

▲ 显微镜：由一个透镜或几个透镜的组合构成的一种光学仪器，是人类进入原子时代的标志

这样看来，这个世界似乎没什么不可能的事情了，大多数问题都可以归结为两个词语——勇气和耐心。

就说到这儿吧，因为我的插图画完了。爱丽丝说得很对："一本没有图画的书，能有什么用呢？"

真希望我有足够的时间，而且印刷费也不要那么贵，这样我就可以补充更多强化人体器官的例子，将本书扩充到 3000 页，而不是现在的容量。因为在本书里，我只是刚刚触及了几个要点，并没有谈到更多的细节。

如果有勇气读完本书，可能有的读者会说："这个无知的家伙怎么把这个忘了？为什么没说那个？在讨论道路的时候，为什么漏掉楼梯，它难道不算一种强化脚吗？螺丝锥难道没有增强手的能力吗？盔甲不也算是附加皮肤吗？猎犬呢？它可是代替了人的鼻子！"

这些质疑都没错，书中还有成百上千的东西没有提到。不过本书并不是什么发明史，也不是写满人类智慧先驱不幸遭遇的论文集。相反，它只是一本开启智慧、开阔眼界的读物罢了。

本书的目的只是为普通读者展现一个新的角度，为他们勾画一个简洁而实用的框架，以便于日后自己进行分类。我也希望读者们在对现有发明进行分类、再分类的过程中，能够得到快乐，并学到知识。

在结束之前，我还有其他话要说。正如我在前言中所说的，本书是信念的告白。锤头、锯子、气球、望远镜只是托辞罢了，我真正想说的是在这个令人悲观而消沉的时代中被人们忽视的哲学——希望与乐观。

它告诉我们，人类不是命运的牺牲品，而是被赋予了无穷力量来开发大脑潜力的生物。它让我们认识到，人类作为理性的个体虽然刚刚起步，却有望迅速找到帮助自己摆脱苦难的希望之路。

我知道有人会反对这种说法，认为最终只有精神才能拯救人类。这很正确。但如果肉体只能靠挖土豆才能维持生存，那精神的境遇也不会好到哪儿去。

▼人类仰望着浩瀚的宇宙，对其充满了好奇。

到目前为止，人类已经花费了太多时间来挖土豆了。

我希望他们不要再为土豆而挖个没完，因为只有这样他们才有空闲时间来发展更高级的技能。

至于人类将如何使用这些高级技能，我们后石器时代的人无法预测。但我们知道，虽然人类曾被艰辛的劳动压弯了腰，几乎沦为蜜蜂、蚂蚁一样的奴隶，可发明之路上的种种事实鼓舞着我们，让我们期待人类会越做越好，从而摆脱那些苦役。

从各方面来看，这都是一个不幸的时代。我们既不是奴隶，也不是主人。为了获得自由，人类创造出这些为自己服务的机器，将手、脚、眼睛、耳朵等器官的能力大大增强，却不经意地发现自己反而被这些无生命的东西所控制。

但这并不意味着我们不该增强自己的能力，这只说明我们做得还远远不够。

而这，正是等待着我们去攻克的难题。